CRAFT BEER
펍 크롤
PUB CRAWL

크래프트 비어 펍 크롤

1판 1쇄 인쇄 2015년 6월 5일
1판 1쇄 발행 2015년 6월 15일

글과 사진 이기중
펴낸이 정원정, 김자영
편집 홍현숙
디자인 nice age

펴낸곳 즐거운상상
주소 서울시 종로구 필운대로 5길 26-1(누하동 158-3)
전화 02-706-9452
팩스 02-706-9458
전자우편 happywitches@naver.com
출판등록 2001년 5월 7일
인쇄 내일북

ISBN 979-11-5536-024-8

CRAFT BEER

펍 크롤

글과 사진 **이기중**

CRAFT
BEER

와우!
맛! 있는 크래프트 비어
전성시대가 열리다

한때 맥주는 노란(?)색에 거품이 와르르 올랐다가 푹 꺼지는,
그저 시원하게 마시는 술이었습니다.
이제는 맥주 좀 좋아한다고 하는 사람들은
황금색, 초콜릿색, 짙은 갈색, 때로는 붉은 기가 은은하게 감도는
크래프트 비어를 마십니다.
첫 모금을 넘기면 입안 가득 쌉쌀하면서도 진하게 퍼지는 맛.
삶의 활력을 찾는 행복의 순간이자
놀라운 맛을 경험하는 신세계죠.

가장 핫하게 떠오른 술,
크래프트 비어.
스타일도, 맛도, 빛깔도 다양해 365일 마신다고 해도
10년은 족히 마셔야 할 정도로 무궁무진합니다.
우리나라에도 서울 이태원과 홍대 거리는 물론이고 동네 곳곳에
크래프트 비어 펍들이 많이 들어섰어요.
이제 선택의 즐거움을 누려 보세요.

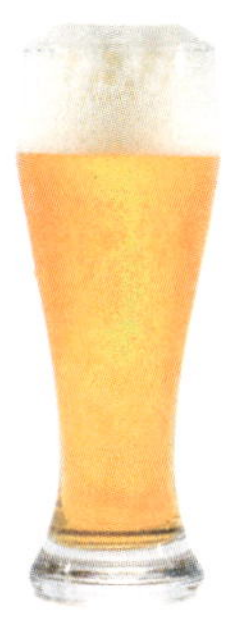

오늘 크래프트 비어 한잔 어때요?

독특한 맛을 지닌 크래프트 비어를 주인의 남다른 내공으로 고르고 골라 놓은 펍,

국내 소규모 마이크로 브루어리에서 만든 개성있는 맥주를 한자리에 갖춰 놓은 펍,

자체 레시피로 만든 크래프트 비어를 선보이는 펍,

피자, 라자냐, 바비큐, 꼬치구이, 탁틴, 동파육, 피시 앤 칩스, 샐러드 등

크래프트 비어와 잘 어울리는 비장의 메뉴가 있는 펍,

동네에 콕 숨어있지만 보석같은 맥주 리스트를 갖춘 펍.

개성 가득한 맥주와 정성스런 음식이 있어

하루를 마무리하기에 더 없이 좋은 펍들이 가득해요.

오늘

맥주 한잔 어때요?

일상의 피곤을

기분 좋게 날려버리자고요.

그런데,
크래프트 비어가
뭐예요?

크래프트 비어란 소규모 양조장에서 생산되는 맥주를 말합니다.

대규모 맥주회사가 생산하지 않는 다양한 스타일의 맥주,

맥주 본연의 맛을 찾아가는 맥주, 실험적인 맥주를 크래프트 비어Craft Beer라고 부릅니다.

그래서 크래프트 비어를 만드는 소규모 양조장microbrewery은 대형 맥주회사와 다른,

뚜렷한 자신만의 '맥주 철학'을 바탕으로 개성 있는 맥주를 만들고 있습니다.

미국이나 일본에서는 1970, 80년대 이후 각 지역에 작은 양조장이 들어섰고

그곳에서 만든 맥주를 '크래프트 비어'라고 부르기 시작했어요.

우리나라에서는 크래프트 비어를 흔히 '수제맥주'라고 표현하는데 이는 그리

올바른 표현은 아닙니다. 크래프트 비어를 손으로 만드는 것이 아니기 때문입니다.

영어 표현 그대로 '크래프트 비어'라 부르는 것이 원래의 뜻에 더 적합하답니다.

크래프트 비어를
가장 맛있게 즐기는
펍 크롤

맥주를 꽤나 즐기는 이들 사이에서 펍 크롤이 유행하고 있어요.

펍 크롤Pub Crawl은 하룻밤에 여러 개의 펍을 돌며 맥주를 마시는 것을 말합니다.

크래프트 비어는 세계 각국의 무수히 많은 마이크로 브루어리에서 만든,

개성 가득한 맥주라 그 종류는 만드는 사람 수 만큼이나 다양해요.

그래서 내가 좋아하고, 내게 맞는 맥주를 찾아 여러 펍을 옮겨다니게 됩니다.

여러 펍을 돌면서 가볍게 한잔씩 마시는 '펍 크롤'은 영국에서 주로 사용하는 말로,

미국에서는 '바 호핑bar-hopping'이라고 합니다.

우리나라에서도 최근 이태원과 홍대를 중심으로 펍 크롤이 유행하고 있습니다.

보통 펍들이 모인 거리를 걷거나 버스와 자전거를 타고 여러 펍을 옮겨 다니는데,

영어로 '크롤Crawl'은 '기어 다니다'라는 뜻이에요.

이렇게 동물들이 집요하게 먹잇감을 찾아다니듯

맥주 펍을 한 곳씩 찾아다니는 것을 펍 크롤이라 합니다.

펍 크롤이 끝날 때가 되면 '기어 다닐' 정도로 술에 취한다는 재밌는 속뜻도 지니고 있어요.

그리고 이렇게 펍을 찾아다니는 사람들을 '펍 크롤러pub crawler'라 합니다.

19세기 말부터 유행하여 지금은 도시를 대표하는 펍 크롤이 있을 정도로

세계적으로 퍼져있는 맥주 문화입니다.

작게는 몇 명에서 많게는 수백 명이 펍 크롤에 참여하기도 해요.

1994년 샌프란시스코에서 열린 산타콘SantaCon 펍 크롤은 뉴욕, 런던, 모스크바 등

44개국 300여 도시로 퍼져나갔고, 2012년 뉴욕 산타콘 펍 크롤에

3만 명 정도가 참가할 정도로 큰 규모의 펍 크롤도 있습니다.

세계에서 가장 큰 펍 크롤로 손꼽히는 호주 퀸스랜드Queensland 메리보로Maryborough는 세계 최대 펍

페스티벌The World's Great Pub Fest로, 매년 참가자 수로 기네스 기록을 경신하고 있습니다.

그리고 런던의 와이탕기 데이 펍 크롤Waitangi Day Pub Crawl에는 수천 명의 뉴질랜드 사람들이 찾아와

지하철을 이용해 펍 크롤을 즐길 정도로 성황이랍니다.

또한 미국 시카고의 '크리스마스 12개 바The Twelve Bars of Christmas'라고 불리는 펍 크롤은

2010년 1만 명이 참가하여 가장 큰 크리스마스 펍 크롤로 기록되기도 했어요.

펍 크롤은 맥주 펍이나 바를 찾아다니며 맥주를 마시는 것뿐 아니라 도시의 이곳저곳을 구경하고

펍에서 새로운 친구를 만나 이야기하는 등 사회적 기능도 하는 펍 문화입니다.

때로는 '비어 크롤beer crawl'이라는 용어를 쓰기도 합니다.

맥주와 음식의
맛있는 만남

일을 마친 후 마시는 맥주 한잔은 무엇에도 비할 수 없는 행복감을 줍니다.

좋은 사람과 함께 맥주잔을 기울이기 좋은 계절이에요.

입 안의 감각을 확 살려주는 크래프트 비어와

환상의 궁합을 이루는 음식을 먹으며 이야기를 나누는 시간,

생각만으로 즐거워집니다.

정성 들여 만든 음식과 맥주의 조합은
우리 일상의 소소한 활력소가 될거예요.
크래프트 비어는 음식과의 조화가 중요한데,
치킨, 피자는 물론이고 라자냐, 샐러드, 야채 구이, 바비큐, 꼬치구이, 문어숙회 등
이탈리아식, 프랑스식 요리는 물론이고 한식, 일식까지
무궁무진하게 다양한 조화를 이룬답니다.
맛과 향이 강한 에일 맥주에는 좀더 풍미가 진한 음식이,
깔끔하고 시원한 라거 맥주에는 깔끔하고 가벼운 음식이 잘 어울려요.
맥주의 맛을 살리는 다양한 음식과 함께 펍 크롤을 즐겨보세요.

LOVE
w We Make Our
Wonderful Beer

BEER
NINKAS
NINKAS
BALLAST POINT
BALLAST POINT
BALLAST POINT

Contents

1. 홍대 연남동

2. 이태원

3. 강북

4. 강남

* 이 책에 실린 내용은 취재한 정보를 바탕으로 하였습니다. 펍 정보, 메뉴, 맥주 리스트와 금액 등은 2015년 4월을 기준으로 한 것입니다. 생맥주와 병맥주 리스트는 펍의 사정에 따라 상시 변경됩니다. 실제 펍을 찾았을 때 메뉴 등의 금액은 변동이 있을 수 있습니다.

맥주의 삼합(三合)을 찾아
펍 크롤!

"책 한 권을 쓸 정도로 맥주 종류가 그렇게 많아요?"

2009년 여름, 나는 첫 번째 맥주 책 《유럽맥주견문록》을 펴냈다. 반응은 가히 폭발적이었다. 책이 출간되자마자 거의 모든 일간지에서 인터뷰 요청이 왔다. 그도 그럴 것이 당시만 해도 국내 소비자가 마실 수 있는 맥주라야 천편일률적인 국산 맥주와 세계 대형 맥주회사에서 생산하는 그다지 특색 없는 맥주들뿐이었기 때문이다. 그 때 책을 본 사람들의 반응은 한결같았다.

"책 한 권을 쓸 정도로 맥주 종류가 그렇게 많아요?"

내 대답은? 물론이다. 아직도 마셔보지 못한 맥주가 많다.

이 책을 읽고 유럽으로 맥주 여행을 떠났다는 사람들과 새로운 맥주의 세계로 입문하게 되었다는 사람도 많았다. 그들과 메일로도 만나고 직접 만나기도 했다. 우리나라 사람들에게 맥주에 관한 지식을 전파하고 새로운 맥주의 세계를 소개했다는 자부심을 느끼는 순간이었다.

《유럽맥주견문록》이 발간된 지 6년이 지난 지금, 우리나라 맥주 시장과 맥주 문화는 큰 변화가 있었다. 당시에 책에 소개된 맥주는 먼 나라 이야기였지만, 이제는 책에 소개된 맥주를 시음하면서 책을 읽을 수 있게 된 것이다. 불과 몇 년 만에 국내의 맥주 지형도가 이 정도로 바뀔 거라고는 기대하지 못했다. 물론 변화의 흐름은 곳곳에서 느낄 수 있었다. 여러 기관에서 다양한 사람들을 대상으로 맥주에 관한 강의를 할 때마다

　"10여 년 전까지만 해도 자판기 커피를 마시다가 이제는 커피 원두의 원산지와 로스팅을 따지면서 커피를 마시고, 와인에 대해 전혀 문외한이었던 사람들이 너도나도 다양한 와인을 찾아 마시고 있다. 다음 차례는 '맥주'다." 라고 운을 떼면 많은 이들이 공감을 표하곤 했다.

어디 괜찮은 펍 없나요? 추천해 주세요!

　우리나라의 커피, 와인, 맥주문화는 격세지감을 느낄 정도로 빠르게 변했다. 특히 3, 4년 전부터 외국의 마이크로 브루어리에서 만든 개성 강한 크래프트 맥주가 하나 둘씩 소개되더니 이제는 미국, 일본, 독일, 체코, 벨기에 등 세계의 이름난 맥주들이 물밀 듯이 들어오고 있다. 그리고 전에는 맛보지 못한 다양한 맥주가 수입되면서 젊은 층을 시작으로 맥주 애호가들이

나타나고, 맥주 모임이나 동호회도 늘어나 맛있는 맥주를 맛볼 수 있는 곳도 많이 생겨났다.

이와 더불어 또 하나의 변화는 맥주를 제대로 즐길 수 있는 펍이 많이 생겨나고 있다는 점이다. 맥주 애호가들은 맥주를 선별하여 마실 뿐 아니라 좋은 맥주 집을 찾아가는 것을 하나의 즐거움으로 생각하고 있다. 나 또한 새로 생긴 펍을 찾아다니는 것이 일상의 하나가 되었고, 지인들로부터 좋은 펍을 소개해달라는 부탁을 많이 받는다. 그러다보니 자연스럽게 맥주 펍에 관한 책을 쓰기로 마음을 먹게 되었다.

사실 맥주 펍에 대한 책을 기획한 것은 오래 전이었다. 《유럽맥주견문록》이 나온 다음 해 출판사와 함께 '서울 맥주 집'을 기획했다. 하지만 실제 작업을 진행해보니 너무 이른 것 같아 계획을 접었다. 그런데 2, 3년 전부터 크래프트 비어 펍이 하나 둘씩 생겨나는 것을 보고 "이제는 서울 펍에 관한 책을 낼 수 있겠구나!"하는 생각이 들었다.

이 책이 나오기까지 꼬박 1년 반의 적지 않은 시간이 걸렸다. 먼저 평소 즐겨 다니는 펍과 신문이나 잡지 등에 소개된 펍, 맥주와 관련된 사람들로부터의 정보 수집, 맥주 관련 동호회나 사이트, 맥주 시음 평을 담은 블로그 등을 통해 후보가 될 만한 100여 곳을 정하고 하나씩 확인

작업을 시작하였다. 매주 주말마다 두 세 곳의 펍을 찾아다녔다. 때로
펍의 주인이나 직원들과 이야기를 나누며 책에 소개하면 좋을 펍을 하나씩
추려갔다.

펍에도 삼합(三合)이 있다

　펍 선정에서 가장 중심에 둔 첫 번째는 '크래프트 맥주를 제대로 즐길 수
있는 펍'이다. 규모는 기준에 넣지 않았다. 작은 펍이라도 맥주와 음식을
제대로 갖춘 곳을 우선으로 하고, 기업형이나 프랜차이즈식 경영을 하는
펍이나 특정 회사의 맥주만 취급하는 펍은 제외하였다. 자칫 한 회사의
맥주를 홍보하는 결과로 이어질 수도 있기 때문이다.
　오히려 동네에 천착하면서 주인이 항상 자리를 지키는 '동네 펍'을
선택하려고 노력하였다. 이런 펍에서 주인의 맥주 철학과 정성을 읽을 수

있었다. 신문이나 잡지, 블로그에 많이 노출된 펍들은 특별한 점수를 주지 않았지만, 일부러 배제하지도 않았다. 모든 펍들을 직접 가보고 확인하였다.

두 번째는, 주인의 맥주 철학과 태도였다. 아무리 좋은 맥주 리스트를 갖추고 음식이 훌륭해도 주인이나 직원의 태도가 편하지 않으면 그 펍에 가지 않게 된다.

세 번째는 펍의 개성과 분위기였다. 한 마디로 '그곳만의 매력'이 있는 펍이다. 맥주건, 음식이건, 음악이건, 인테리어건, 개성이 있는 펍을 찾아 소개하려고 노력하였다. 나는 평소 이 세 가지 기준을 '펍의 삼합(三合)'이라고 부르는데, 이 책에 실린 맥주 집은 한 마디로 '펍의 삼합'이 좋은 곳, 그리고 지인들이나 맥주 애호가에게 추천하고 싶은 펍이라고 할 수 있다.

원래 계획은 50개 펍을 선정하는 것이었다. 하지만 '펍의 삼합'에 맞는 집을 고르기가 쉽지 않아 28개 펍을 소개하는 것으로 만족해야 했다. 펍을 선정한 후에는 한 집씩 찾아가 직접 주인과 인터뷰하고 사진도 찍었다. 생각한 대로 펍은 모두 저마다의 이야기를 지니고 있었다. 오너의 맥주 지식이나 맥주 철학도 다양했고, 펍을 시작한 계기와 이유도 제각각 달랐다. 하지만 모두 맥주에 대한 애정과 욕심은 남달랐다. 이야기를 나누면서 앞으로 우리나라의 맥주문화를 이끌어갈 사람을 발견하기도 했고, 우리 맥주문화가 보다 풍요로워지리라는 기대감이 커지기도 했다.

삼합이 어우러진 크래프트 비어 펍을 찾아 펍 크롤!

책의 제목은 《크래프트 비어 펍 크롤: 크래프트 맥주를 맛있게 즐기는 서울 펍 크롤 가이드》로 정했다. '펍 크롤(pub crawl)'이란 하루 저녁에 여러 펍을 찾아다니며 다양한 맥주를 즐기는 것을 말한다. 맥주 애호가들이 많은 영국이나 미국 등지에는 다양한 펍 크롤 문화가 있다. 아직 국내에는 생소한 이름이지만 우리나라에도 펍 크롤 문화가 생겨나기를 희망하면서 《크래프트 비어 펍 크롤》이라는 제목을 붙였다. 펍 크롤 문화가 만들어지기 위해서는 무엇보다도 좋은 펍이 많아야 한다. 앞으로 '그곳만의 매력'이 넘치는 펍이 많이 생겨나 한국의 맥주문화가 보다 풍요로워지기를 바라는 마음에서 이 책을 펴낸다.

2015년 봄

이기중

PART
1

홍대 연남동

퀸스헤드

누바

소소한 술집

비어 바자르

루블랑

온탭

상수동 라자냐

호홈

케그 비

크래프트 원

코지엠

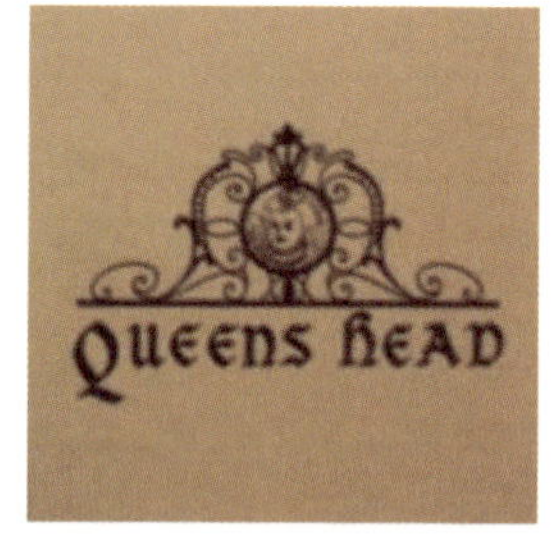

01

양조장에서 갓 나온 신선한 생맥주와
멋진 음식이 어우러진 하우스 펍

퀸스헤드
QUEENS HEAD

Information

▸ **주소** 서울시 마포구 서교동 407 − 16. 1, 2층
▸ **찾아가기** 상수역 1번 출구, 극동방송국 맞은편 세븐일레븐 골목
▸ **TEL** 070 − 8954 − 6324
▸ **영업시간** 17:00~02:00
▸ **휴무일** 추석 2일, 설날 2일
▸ **1인 평균 예산** 20,000원~

★

지하철 6호선 상수역 1번 출구에서
도보 5분 거리로, 극동방송국 맞은
편 세븐일레븐 골목에 위치. 2010
년 오픈.

극동방송국 맞은편 세븐일레븐 골목으로 들어가면 음식점과 카페가 즐비한 거리가 나오고, 그 길 중간쯤에 나무로 만든 맥주통이 보인다. 안쪽 골목으로 들어서면 누군가의 집 마당으로 들어선 듯 조용하고 아늑한 골목이 이어지는데, 바로 퀸스헤드 펍의 입구이다. 실제로 이곳은 주택 대문과 이어지는 골목이었다고 한다.

골목을 지나 입구에 들어서면 넓은 마당에 테이블과 소파, 벽난로 등이 조화를 이뤄 야외이면서도 실내 같은 아늑함이 느껴진다. 덩굴식물과 야외용 테이블이 어우러져 있어 홍대의 들뜬 분위기가 한순간에 차분해지는 듯하다. "홍대에 이런 곳이?"라는 말이 절로 나올 정도로 넓으면서도 아늑하고 고전적이다. 꽤 큰 2층 단독주택을 펍으로 개조하면서 큰 틀을 그대로 두어 주택의 편안함은 살리고 공간 구석구석을 색다르게 인테리어하여 흥미를 자아낸다. 실내는 마치 독일 마을의 펍에 온 듯 나무와 벽돌 등으로 꾸며 독특한 분위기이

1 퀸스헤드는 수원 양조장에서 만든 세 가지 생맥주를 판매하는 하우스 펍이다. 펍의 긴 바에 설치된 황동빛 기다란 탭이 눈길을 끈다. 2 2층으로 올라가는 계단. 3 2층은 높은 천정과 조명. 벽난로, 묵직한 테이블이 어울려 독일 마을의 펍 분위기가 느껴진다.

다. 안쪽으로 들어서면 가운데에 바 형태의 기다란 테이블이 놓여 있고, 정면에 큰 주방과 U자를 뒤집은 독특한 모양의 황동빛 맥주 탭이 보인다.

계단을 따라 위층에 올라가면 또 다른 아늑한 공간이 나온다. 위층은 전체적으로 목재로 되어 있고 고풍스러운 테이블과 의자, 그리고 벽난로가 놓여 있어 고전적인 느낌이다. 한쪽은 독립된 구조의 방으로 되어 있어 모임을 하거나 한데 모여 맥주를 마시기에 좋다.

퀸스헤드 홍대점의 장점은 마당과 2층 건물 전체가 펍이라 넓다는 것이다. 또한 공간마다 자연스럽게 구분이 되어 있어 친구와 함께 가볍게 맥주를 마실 수 있고, 단체 모임을 갖거나 여럿이서 왁자지껄하게 펍의 분위기를 즐기며 마실 수 있는 독립된 공간도 마련되어 있다. 오후 이른 시간에는 야외 소파에 앉아 책을 읽으며 맥주를 한잔 하기에도 좋다.

장점은 역시 맥주이다. 퀸스헤드는 수원 영통에 있는 자체 양조장에서 만드는 세 가지의 생맥주(필즈너, 바이젠, 둥켈)만을 판매하는, 하우스맥주 전문점이다. 퀸스헤드는 현재 세 명의 공동 대표 체제로 운영하고 있다. 이상호 씨와 윤상권 씨는 퀸스헤드 영통점을, 홍미돌 씨는 홍대점을 맡아 운영하고 있다. 이상호 씨와 윤상권 씨는 독일에서 각각 미술과 경영학을 공부하다가 만난 사이로, 한국에서 신선한 독일식 생맥주를 맛볼 수 있는 양조장을 만들기 위해 오랫동안 많은 노력을 했다고 한다. 여러 시행착오 끝에 2003년 양조장을 갖춘 펍을 수원 영통에 오픈하였고, 홍대 퀸스헤드는 2010년에 오픈하였다. 현재는 두 곳의 직영점에만 양조장 맥주를 공급하고 있다.

세 가지 생맥주 가운데 필즈너는 독일식 라거로 깔끔하고 청량감 있는 맛이 특징이며, 바이젠은 독일식 밀맥주로 쓴 맛은 없으나 밀맥주 특유의 바나나와 정향의 맛과 향이 난다. 둥클레스는 흔히 '흑맥주'라고도 하는데 커피의 맛이 나는 깔끔한 독일 뮌헨식 다크 비어이다. 이 세 종류의 맥주를 수원 영통의 양조장에서 생맥주 전용 냉장차로 운반해 홍대점에 공급하고 있어 퀸스헤드에서는 항상 양조장에서 갓 나온 신선한 생맥주를 즐길 수 있다. 독일 펍의 분위기를 제대로 살리는 1000cc짜리 맥주잔은 독일에서 직접 가져온 것이라고 한다.

음식도 빼놓을 수 없다. 여느 펍과는 다르게 이탈리아 음식 전문 셰프가 두 명이나 있어 펍의 주요 메뉴인 해산물 샐러드와 바비큐는 물론이고 스테이크와 파스타 등 다양한 음식을 내놓고 있어 모임장소로도 좋다. 특히 많은 사람이 함께 먹을 수 있는 모듬 바비큐는 맥주와 함께 식사로도 아주 훌륭하다. 또한 맥주와 잘 어울리는 최상의 수제 소시지 안주가 있고, 그리시니와 살구잼을 비롯한 모든 소스는 주방에서 셰프가 직접 만든다.

펍의 테이블 수는 1층 15개, 2층 9개. 1층은 60명, 2층은 40명 정도 수용 가능하다.

총평 고전적인 독일풍 펍의 느낌과 가정집 같은 편안한 분위기에서 수원 영통 양조장에서 만드는 생맥주와 이탈리아 음식 전문 셰프가 만드는 요리를 즐길 수 있다. 취향에 따라, 모임의 성격에 따라 앞마당, 1층, 2층의 다른 분위기에서 맥주를 마실 수 있다.

2층의 넓은 공간에는 다양한 테이블과
의자가 배치되어 있어 단체라도 여유롭
게 앉아 맥주를 즐길 수 있다.

 홍미돌 공동 대표

펍을 시작하게 된 계기는?

퀸스헤드는 세 명이서 공동으로 운영하는 펍이다. 독일에서 토탈 아트를 전공한 이상호 씨와 독일에서 경영학을 전공한 윤상권 씨가 유학 후 독일의 맥주 맛을 잊지 못해 직접 양조를 한 것이 시작이라 할 수 있다. 여러 시행 착오를 거쳐 현재 수원 영통에서 양조장을 겸한 펍을 운영하고 있다. 홍대의 퀸스헤드는 그 두 번째 펍이다. 나는 조각을 전공하고 인테리어 디자이너로 일하면서 두 사람과 만나게 되었다. 워낙 맥주를 좋아하기도 하고, 마음이 잘 맞아 홍대점은 함께 운영하게 되었다. 영통 양조장의 펍은 2003년에, 홍대 퀸스헤드는 2010년에 오픈하였다.

펍의 콘셉트는 무엇인가?

가정집 같은 편안한 분위기에서 양조장의 신선한 맥주와 전문 요리사가 만드는 음식을 즐길 수 있는 펍을 만들고 싶었다. 가정집을 개조하여 펍을 만들면서 직접 인테리어를 하였는데, 공간보다 '사람이 중심'이 되도록 하였다. 기성 제품은 거의 사용하지 않았고 액자의 틀까지도 직접 만들었다. 펍 이름인 '퀸스헤드'는 홍콩 해변에 있는 범선 돌 조각상의 이름이다.

퀸스헤드만의 특징이나 좋은 점은 무엇인가?

신선한 수제 생맥주를 마실 수 있다는 것이다. 양조장에서 바로 가져 오는 생맥주는 맛의 관리가 가장 중요한데, 퀸스헤드 맥주는 수원 양조장에서 냉장차로 운반하며, 냉각기를 사용하지 않고 펍의 생맥주 전용 냉장고에 보관한다. 큰 규모의 주방에서 셰프가 만들어내는 음식 또한 퀸스헤드의 자랑거리이다. 맥주 안주는 물론 식사 메뉴도 있다. 2층에는 20~30명이 앉을 수 있는 단체 공간이 있어 회식도 많은 편이다.

펍을 찾아오는 손님의 연령층이나 특징이 있는가?

모든 연령층의 손님이 찾아온다. 테이블 사이의 공간이 넓은 편이라 두세 명이 맥주를 마시기도 좋고 단체 혹은 가족이 와도 좋은 공간이 곳곳에 있기 때문인 것 같다.

샐러드, 닭다리 바비큐. 파스타 등 메뉴도 다양하고 플레이팅도 뛰어나다. 스테이크 등 식사 메뉴도 있어 저녁 모임도 가능하다.

Menu Information

▸ **생맥주 필스너 · 바이젠 400㎖** 5,500원 **1000㎖** 13,000원 **2000㎖** 26,000원 **둥클레스 400㎖** 6,000원 **1000㎖** 14,000원 **2000㎖** 28,000원

▸ **대표 메뉴 감자튀김** 15,000원 **카프레제 샐러드** 17,000원 **타이치킨 샐러드** 17,000원 **모둠 소시지** 20,500원 **닭다리 바비큐** 21,000원 **모둠 바비큐** 41,000원

봄, 여름, 가을, 겨울 계절따라
골라 마시는 벨기에 맥주 전문 펍

누바
NUBA

Information

▸ **주소** 서울시 마포구 서교동 347 – 9 103호. 1층
▸ **찾아가기** 홍대입구역 8번 출구에서 홍기와집 골목. 도보 3분 거리
▸ **TEL** 070 – 8268 – 5833
▸ **페이스북** www.facebook/pubnuba
▸ **영업시간** 18:00~04:00
▸ **휴무일** 추석, 설날 당일
▸ **1인 평균 예산** 20,000~30,000원

★

지하철 2호선 홍대입구역 8번 출구에서 도보 3분 거리로 음식점과 술집으로 가득한 홍대 번화가 안쪽 골목길에 위치. 2011년 오픈.

홍대입구역에서 음식점과 술집이 즐비한 시끌벅적한 거리를 지나 골목으로 들어오면 작은 카페와 식당, 술집이 오밀조밀 늘어선 골목이 나온다. 그 중간 쯤에 벨기에 맥주 전문펍 누바가 자리하고 있다. 5년째 이 자리를 지키고 있는 누바는 홍대 크래프트 비어 펍의 터줏대감 격이다.

펍의 안쪽에는 고풍스러운 테이블과 의자가 놓여 있고 조명이 조금 어두워 묵직하면서 클래식한 분위기이다. 누바는 홍대 지역에서 가장 다양한 벨기에 맥주 리스트를 갖춘 펍이다. 몇 년 전만해도 국내에서 맛볼 수 없었던 쉬메이Chimay, 베스트말레Westmalle, 오르발Orval과 같은 프리미엄급 벨기에 트라피스트 맥주와 여름 맥주 세송Saison 등 독특한 벨기에 맥주를 즐길 수 있는 곳이다.

다양한 크래프트 비어를 판매하는 전문 펍이 생겨나는 상황에서 특정 나라의 맥주를 전문으로 하는 것은 분명 쉽지 않은 일이다. 누바의 류건휘 대표도 초창기에는 여느 맥주집처럼 하이네켄 등 라거류의 대중적인 맥주를 팔았다고 한다. 하지만 평범한 맛의 맥주에 싫증이 나면서 에일 계열 등 다른 맛의 맥주

를 찾다보니 다양한 맥주 세계에 들어서게 되었다. 당시 국내에 수입된 모든 에일 맥주를 사서 하나씩 테스팅한 다음, 좋은 맥주를 발견하면 수입사에 요청해 펍에 샘플을 들여놓는 식이었다. 특히 세인트 버나두스 Saint Bernardus Abt 12의 샘플을 맛보면서 기존의 맥주에 대한 생각이 완전히 바뀌었다고 한다. 그것이 계기가 되어 벨기에 수도원 맥주인 트라피스트 맥주도 알게 되고, 사람들에게 다양한 종류와 맛의 맥주가 있다는 것을 알리고 싶어 벨기에 맥주 전문 펍으로 바꾸었다. 지금은 대부분의 펍에서 팔고 있는 아사히, 하이네켄, 호가든을 빼고 독특한 벨기에 맥주를 전문으로 하고 있다.

벨기에에는 트라피스트 수도원에서 만드는 트라피스트 맥주 Trappist Beer, 수도원의 제조법에 따라 만들어지는 애비 맥주 Abbey Beer, 알코올 도수가 높은 스트롱 에일 Strong Ale, 밀 맥주인 화이트 비어 White Beer, 천연발효맥주인 람빅 Lambic, 여름 계절맥주인 세송 Saison 등 독특한 맥주가 셀 수 없이 많다. 벨기에 맥주는 전반적으로 풍미가 좋고 도수가 높은 것이 많아 천천히 음미하면서 마시는 것이 좋은데, 누바에는 크고 편안한 의자가 있어 담소를 나누며 맥주를 즐기기에 좋다. 펍의 안쪽에 위치한 바 bar 위에는 여러 개의 생맥주 탭이 걸려 있고, 아름다운 모양의 벨기에 맥주잔이 가득해 벨기에 맥주 전문점 분위기가 물씬 풍긴다.

누바는 국내에 수입된 벨기에 맥주를 선별해 들여놓는데, 특히 벨기에의 오리지널 밀 맥주인 셀리스 화이트 Celis White, 여름날 농부들이 즐겨 마시던 과일 향과 신맛이 일품인 여름 맥주 세송, 벨기에 대표 수도원계 맥주인 알코올 도수 10도의 세인트 버나두스 Abt와 Wit를 생맥주로 즐길 수 있어 참 반갑다. 또한 자연적으로 산성화되어 달콤함과 새콤함의 밸런스가 좋은 꾸베 드 랑케 Cuvee de Ranke나 세인트 버나드처럼 이제껏 맛보지 못했던 벨기에 맥주를 주문하면 오너가 맥주에 대해 자세히 설명해주면서 직접 맥주를 잔에 따라주기도 한다.

1 바에 다양한 맥주 전용잔이 종류별로 진열되어 벨기에 맥주 전문 펍의 분위기가 물씬 풍긴다. 2 세계 최고로 꼽히는 벨기에 맥주들이 진열되어 있다. 3 맥주와 잘 어울리는 치즈 플레이트와 다양한 전용잔에 따른 벨기에 맥주들.

누바는 다양한 맛의 벨기에 맥주에 어울리는 음식 메뉴를 내놓고 있는데, 시큼한 레몬이 가득 들어간 허니 레몬 모짜렐라 샐러드는 셀리스 화이트나 세송과 잘 어울리며, 치즈 플레이트는 쉬메이와 같은 트라피스트 맥주와 잘 맞는다. 테이블 수는 17개, 30명 정도 들어갈 수 있는 펍이다.

총평 클래식하고 편안한 분위기에서 다양한 벨기에 맥주를 안주와 함께 즐길 수 있다. 주인이 벨기에 맥주에 대해 친절하게 설명을 해주어 벨기에 맥주에 관한 지식을 넓힐 수 있다.

 류건휘 대표

펍을 하게 된 계기는?

캐나다에서 2년 반 살았다. 그곳에서 다양한 종류의 맥주 맛을 알게 되었다. 가게를 준비하면서 처음에는 맥주와 몰트 위스키를 반반 정도로 하려고 했지만 누구나 편하게 즐길 수 있는 맥주가 가장 좋은 술이라 생각되어 맥주 펍을 시작하게 되었다. 초창기에는 대중적인 하이네켄이나 호가든을 팔았는데, 좀 평범하게 여겨지면서 에일 계열의 맥주 등 개성있는 크래프트 비어를 소개하고 싶어졌다. 그리고 내가 좋아하는 맥주로 하나씩 대체해나가면서 쾌감을 느꼈다. 차츰 벨기에 맥주가 내 입맛에 맞는다는 것을 알게 되어 벨기에 맥주 전문점으로 운영하고 있다.

'누바'의 콘셉트는 무엇인가?

벨기에 맥주 전문펍으로, 고급 벨기에 맥주와 이에 맞는 안주를 즐길 수 있는 공간으로 만들고 싶다. 또한 벨기에 맥주에 대해 자세히 설명해주는 펍을 만들려고 한다. 이를 위해 맥주 공부도 많이 하고 있으며, 맥주의 온도, 서빙 방법, 잔을 다루는 방법 등 모든 면에서 완벽하게 벨기에 맥주를 취급하는데 중점을 두고 있다. 그리고 손님에게 맥주를 권할 때 마시는 순서에도 신경을 많이 쓴다. 예를 들어, 여러 잔의 맥주를 마시는 경우라면 처음에는 셀리스 화이트나 세송 같은 가벼운 맥주에서 시작하여 두벨^{Dubbel}을 마신 다음 맛과 도수가 강한 트리펠^{Trippel}을, 마무리는 과일 향이 나는 람빅 맥주를 권한다.

크래프트 비어 펍의 좋은 점은 무엇인가?

내 취향에 맞는 맥주를 발견하고 즐기는 것이 취미가 될 수 있다는 점이다. 인테리어도 벨기에 펍의 분위기를 내려고 나름대로 한 것인데 사람들이 호감을 갖고 찾아와 주어 고맙다. 무엇보다도 성향이 비슷한 사람들과 교류할 수 있다는 것이 좋다. 그리고 새로운 맥주 장르를 개척하고 있다는 점이 자랑스럽게 느껴질 때도 있다. 가장 좋은 것은 꽤나 비싼 벨기에 맥주를 저렴하게 마실 수 있다는 점이다.

좋아하거나 추천하고 싶은 맥주가 있는가?

세인트 버나두스 Abt 12, 꾸베 디 랑케, 카르멜릿 트리플^{Karmelie Tripel}을 좋아한다.

1 깔끔한 치즈플레이트와 치즈를 뿌린 허니 레몬 모짜렐라 샐러드 2 신선한 야채와 치즈를 토핑으로 올린 루콜라 피자 3 대표적인 수도원 맥주인 베스트말레. 실온이나 12도 정도에서 마시는 알코올 9.5도의 맥주이다.

펍을 찾아오는 손님의 연령층이나 특징이 있는가?

20대 중반에서 70대까지 폭이 넓다. 이 가운데 30~40대가 가장 많다. 남녀의 비율은 6:4이고, 외국인 손님이 30%를 차지한다. 영국 대사관과 벨기에 대사관 직원들도 자주 찾는다.

어떤 펍으로 만들어 가고 싶은가?

벨기에 맥주를 좀더 전문화하여 더욱 벨기에 펍다운 펍, 그리고 손님들이 편하게 맥주를 마실 수 있는 공간으로 만들고 싶다.

Menu Information

▶ **생맥주 셀리스 화이트** 8,000원 **세인트 버나두스 Abt 12** 13,000원 **세인트 버나두스 Wit** 18,000원 **로덴바흐 그랑크뤼** 12,000원 **세송** 12,000원

▶ **병맥주 세인트 버나두스Abt** 14,000원 **까르멜릿 트리펠** 16,000원

▶ **대표 메뉴 맥앤치즈** 15,000원 **후레시 모짜렐라 피자** 15,000원 **허니 레몬 모짜렐라 샐러드** 15,000원 **치즈 플레이트** 20,000원

03

나무와 꽃이 있는 테라스 펍

소소한 술집

So So Pub

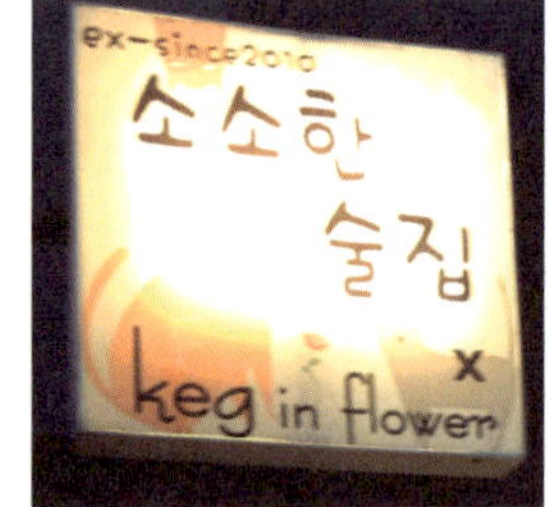

Information

▸ **주소** 서울시 마포구 서교동 332 – 33번지. 1층
▸ **찾아가기** 홍대입구역 8, 9번 출구. 서교초등학교 사거리에서
  조군샾 건너편.
▸ **TEL** 02 – 325 – 8488   ▸ **영업시간** 18:00~01:00
▸ **휴무일** 매주 일요일   ▸ **1인 평균 예산** 20,000~30,000원

★

2호선 홍대입구역 8, 9번 출구에서 도보 5분 거리로, 서교초등학교 사거리, '조군샾' 건너편에 위치. 2010년 12월에 오픈.

'소소한 술집'은 복잡한 홍대 거리를 지나 주택가 골목으로 들어서 있어 한적하면서도 편안하게 맥주를 마시기에 좋은 펍이다. 나무데크가 이어진 골목을 들어서면 덩굴식물이 벽을 타고 올라간 긴 입구가 나온다. 입구부터 아기자기하게 가꿔놓아 신기하게도 마음이 편안해지는 듯하다. 좀더 안쪽으로 들어가면 골목 끝 오른편에 커다란 2층 가정집을 개조하여 만든 펍이 눈에 들어온다. 1층에 위치한 펍은 외부의 테라스 공간과 안쪽의 실내 공간으로 나뉘어져 있다. 바깥의 테라스 공간은 나무와 꽃가꾸기를 좋아하는 김민정 대표의 세심한 손길이 더해져 가정집 정원 같은 아늑한 느낌이다. 나무와 화분으로 적절하게 구분해 놓은 공간에 철제 테이블과 의자가 놓여있어 옆 테이블의 시선에 신경을 쓰지 않고 편하게 이야기 나누면서 맥주를 마실 수 있다. 날씨가 좋은 봄이나 가을 밤이면 테라스의 정취가 더해진다.

펍의 안쪽은 옛 가정집 구조를 살린 여러 개의 공간으로 나뉘어져 있다. 한쪽 방에는 테이블이 가지런히 놓여 있고 커다란 유리창이 있어 개방감을 느낄 수

있다. 펍의 가장 안쪽에 있는 두 개의 작은 방은 전원 카페처럼 아늑하면서도 개인적인 공간같은 느낌을 준다.

'소소한 술집'은 이름처럼 누구나 편하고 여유롭게 맥주를 마실 수 있는 카페 같은 펍이라 더욱 좋다. 나무와 꽃이 있는 테라스 정원에서 마시는 맥주 한 잔이 더 특별한 느낌이 드는 것은 복잡한 홍대상권이기 때문일 것이다.

소소한 술집에서는 감귤 향이 매력적인 로스트 코스트 Lostcost 의 밀맥주 탠저린 위트 Tangerine wheat, 홉의 쓴 맛과 향이 강하게 드러나는 앨리캣 Alley Kat, 독일의 대표적인 밀 맥주 에딩거 Edinger 와 필리핀의 필스너 맥주 산 미구엘 다크 San Miguel Dark 를 생맥주로 즐길 수 있다. 병맥주로는 코나 Kona, 로스트 코스트, 코에도 COEDO 등 미국과 일본의 크래프트 맥주를 주로 맛볼 수 있다.

김민정 대표는 정원 가꾸기는 물론이고 요리에도 일가견이 있어 직접 만든 레시피를 메뉴로 내놓고 있다. 크림치킨, 목살 바비큐, 칠리 치즈 포테이토, 연

큰 나무와 예쁘게 가꾼 화분들로 장식한 테라스는 마치 야외 공원에서 맥주를 마시는 듯한 상쾌함을 준다.

1 펍 안쪽의 독립된 공간은 전원 카페처럼 아늑하다. 2 카페처럼 아기자기한 소품 장식들로 채워져있다. 3 주인이 정성 들여 가꾼 꽃과 나무가 가득한 테라스는 맥주의 맛을 더한다.

어 샐러드처럼 맥주와 잘 어울리는 메뉴가 다양한데, 기존의 레시피에 맥주와 어울림을 고려한 음식이 특징이다. 현재 남동생과 함께 펍을 운영하고 있다. 펍의 테이블 수는 14개, 50명 정도 수용 가능하다.

 가정집을 개조하여 아늑하고 아기자기한 분위기에서 다양한 맥주와 주인이 직접 개발한 안주를 즐길 수 있다. 나무와 꽃 화분으로 장식된 테라스는 가정집 정원 같다.

 김민정 대표

펍을 시작하게 된 계기는?

대학에서 도예를 전공했다. 우연히 아르바이트로 바텐더 일을 했고 나중에는 펍 매니저까지 하게 되었다. 평소에도 맛있는 음식을 먹고 요리하는 것을 좋아해 펍의 주방 막내로 들어가 음식을 배웠고, 요리 스쿨인 라퀴진에서 1년 간 푸드 스타일링 과정을 마쳤다. 맥주를 무척 좋아해서 나만의 색깔이 있는 펍을 차리게 되었다.

펍의 콘셉트는 무엇인가?

아기자기하고 아늑한 공간을 만들려고 하였다. 술을 마시는 곳이지만 가정집 분위기가 나면서도 화분으로 가득한 자연친화적인 펍을 만들고 싶었다. 뭐랄까, 손님들이 이곳에 왔을 때 힐링이 되는 기분을 느낄 수 있는 펍이 되었으면 좋겠다.

'소소한 술집' 만의 특징이나 좋은 점은 무엇인가?

맥주 애호가인 오너가 선별한 여러 맥주와 직접 개발한 음식을 먹을 수 있다는 점이다. 좋은 맥주에 어울리는 음식이 있다면 금상첨화가 아닐까? 음식은 양식과 펍 안주를 결합한 것으로, 먼저 맥주에 잘 어울리는 음식을 정한 다음에 나만의 스타일로 레시피를 바꾸었다. 예를 들어, 매콤한 크림 치킨은 닭을 튀겨 매운 크림 소스를 더한 것이고, 매콤한 칠리 치즈 포테이토는 감자튀김에 매콤한 칠리 치즈를 곁들인 것이다. 모두 맥주와 잘 어울리는 음식이다.

좋아하거나 추천하고 싶은 맥주가 있는가?

맛이 똑 떨어지는 라거를 좋아한다. 라거는 몇 잔을 마셔도 질리지 않고 어느 음식과도 잘 어울려서 좋다.

1, 2 감자튀김에 매콤한 칠리치즈를 곁들인 칠리 치즈 포테이토와 치킨 후라이에 매콤한 크림소스를 더한 크림 치킨 3, 4 병모양과 라벨 디자인이 독특한 일본과 미국의 크래프트 맥주들.

펍을 찾아오는 손님들의 연령층이나 특징이 있는가?

초창기에는 펍의 아기자기한 분위기 때문에 여자 손님이 많았지만 지금은 남자 손님이 많아져서 남녀 비율은 비슷하다. 연령층도 20대에서 50대까지 다양하다.

어떤 펍으로 만들어 가고 싶은가?

펍의 이름 '소소한 술집'처럼 누구나 편하게 맥주를 즐길 수 있고 맥주를 마시는 동안 힐링이 되는 자연친화적인 펍을 만들고 싶다.

Menu Information

▶ **생맥주 산 미구엘 다크 300㎖** 6,000원 **500㎖** 8,000원 **에딩거 300㎖** 6,500원 **500㎖** 8,500원 **엘리캣 400㎖** 7,000원 **탠저린 위트 400㎖** 8,000원

▶ **병맥주 그레이트 화이트** 8,500원 **인디카 IPA** 8,500원 **코에도** 8,500~9,500원 **코나** 11,000~12,000원

▶ **대표 메뉴 연어 샐러드** 12,000원 **칠리 치즈 포테이토** 12,000원 **매콤한 크림치킨** 16,000원 **목살 바비큐** 18,000원

04

늦은 밤, 모던한 실내와 테라스에서
여유있게 즐기는 홍대 펍

비어 바자르

BEER BAZAAR

Information

▸ **주소** 서울시 마포구 서교동 409 – 17. 2층
▸ **찾아가기** 6호선 상수역 1번 출구, 극동방송국 맞은편
▸ **TEL** 02 – 3141 – 1310
▸ **영업시간** 평일 17:00~02:00, 주말 17:00~04:00
▸ **휴무일** 연중무휴　▸ **1인 평균 예산** 20,000원

★

지하철 6호선 상수역 1번 출구에서
도보 5분 거리로, 극동 방송국 맞은
편 세븐일레븐 골목에 위치. 2013년
12월 오픈.

'맥주 시장'을 뜻하는 비어 바자르는 홍대 번화가 골목에 있어 언뜻 시끄러울 것 같지만, 펍 안의 분위기는 외려 차분하고 모던하다. 2층에 위치한 펍을 올려다보면 테라스가 먼저 눈에 들어온다.

비어 바자르는 크래프트 비어를 전문으로 하는 펍이다. 펍 안쪽 바에는 다양한 크래프트 비어 탭이 9개 걸려 있다. 테이블이 널찍널찍하게 배치되어 있고, 한쪽에는 여럿이 함께 맥주를 마실 수 있는 큰 테이블도 있다. 테라스에도 테이블이 있어 바깥 풍경을 바라보면서 맥주를 즐길 수 있다. 혼자서 조용하게, 때로는 시원한 바깥 바람을 쐬고 거리 풍경을 보면서 맥주를 즐길 수 있는 다양한 공간을 갖추고 있다는 것이 비어 바자르의 가장 큰 특징이다.

비어 바자르에서는 국내 소규모 양조장 가운데 하나인 카브루㈜ 카파 인터내셔널에서 생산하는 4종류의 생맥주를 맛볼 수 있다. 청평의 양조장에서 만드는 카브루 맥주들은 외국의 크래프트 비어와 비교했을 때는 아주 큰 특징이 있는 것은 아니다. 하지만 라거 위주의 국내 맥주에서 벗어나 헤페바이젠, 골든 에일, 다크 에일, 인디언 페일 에일을 외국 크래프트 비어보다 싼 값에 마실 수

있다는 장점이 있다. 카브루는 여러 펍에서 맥주 레시피를 받아 맥주를 위탁 생산하기도 한다.

그외 영국의 대표적인 크래프트 비어인 브루 독Brew Dog과 수박맥주로 불리는 밀맥주 계열의 워터멜론 위트Watermelon Wheat를 생맥주로 즐길 수 있다. 생맥주 리스트는 계절마다 바뀌는데 현재는 9종의 탭을 운영하고 있다. 크래프트 비어가 생소한 손님이나 혹은 새로운 종류의 맥주를 맛보려는 손님에게는 친절하게 설명도 해준다.

비어 바자르는 평일에는 새벽 2시까지, 주말에는 새벽 4시까지 문을 열고 있어 밤 늦은 시간, 크래프트 비어를 즐길 만한 곳이 없을까 찾을 때에 가장 먼저 생각나는 곳이기도 하다. 늦은 시간에도 화려한 불빛을 뽐내는 홍대여서 스산한 분위기도 아니고, 그렇다고 너무 왁자지껄하지도 않아 좋다. 펍 안의 테이블은 12개가 있고, 바까지 합치면 50명 정도 수용 가능하다.

총평 홍대 번화가 거리에 위치해 활기찬 느낌이다. 탁 트인 넓은 공간에 세련되고 편안한 분위기에서 다양한 크래프트 비어를 생맥주로 마실 수 있다는 점이 매력적이다.

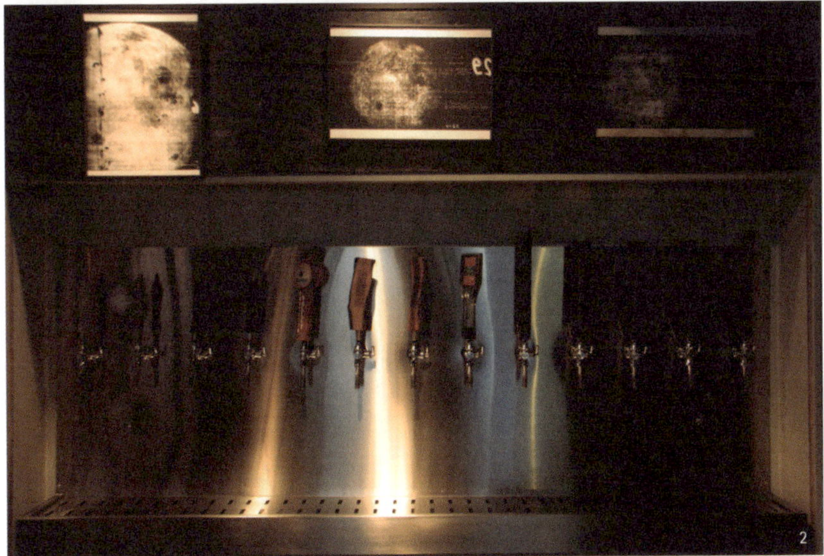

1 홍대 번화가에 위치해 있지만 펍의 분위기는 오히려 차분하고 모던하다 2 '맥주 시장'이라는 뜻의 펍 이름에 걸맞게 IPA 라거, 바이스 맥주 등 다양한 생맥주를 맛볼 수 있다.

INTERVIEW 박지웅 대표

펍을 시작하게 된 계기는?

일본에 유학하면서 교육학을 전공하였고, 7년 간 거주하였다. 흙 만지는 것을 좋아하고 목공일에도 관심이 많아 대학 졸업 후 도쿄 근교 야마나시에서 농사도 짓고 마쯔리(지역 축제) 때에는 무대를 설치해 술을 팔기도 하였다. 한국에 돌아와 이태원에서 에일 맥주를 맛보고 독특한 맛에 반해서 크래프트 비어에 관심을 갖게 되었다. 원래 다양한 술에 흥미가 있어 크래프트 비어를 맛볼 수 있는 펍을 계획하게 되었다. 이태원에 비하면 홍대는 에일 맥주를 마실 수 있는 곳이 별로 없었기에 홍대에 자리를 잡았다. 결국 '장사'라는 게 트렌드를 팔아야 하는데 지금은 에일 맥주가 트렌드라고 생각한다. 그리고 여러 사람과 만날 수 있다는 점에서 펍을 운영하는 것은 재미있는 일이고, 누구나 할 수 있지만 누구나 하지는 않기 때문에 경쟁력이 있다고 생각한다.

'비어 바자르'의 의 콘셉트는 무엇인가?

어떤 사람이 오더라도 '나만의 아지트'라고 생각할 수 있는 펍, 맥주에 대한 친절한 설명을 들을 수 있고 늘 새로운 맥주를 맛볼 수 있는 펍으로 만들고 싶다. 유럽풍의 펍을 만들고 싶었는데 홍대의 분위기를 고려해 모던한 느낌이 강해졌다.

비어 바자르만의 특징이나 좋은 점은 무엇인가?

생맥주 관리를 철저히 한다. 국내 소규모 양조장에서 만드는 맥주는 어떻게 관리하느냐에 따라 맥주의 맛은 아주 달라진다. 위생관리뿐 아니라 온도, 거품의 양 등에도 많은 신경을 쓴다. 예를 들어, 생맥주를 따를 때 거친 거품은 걷어내고 밀도 높은 거품만을 사용한다. 시즌별로 다양한 생맥주를 선보이는데, 손님 한분 한분에게 맥주에 대한 자세한 설명을 해준다.

좋아하거나 추천하고 싶은 맥주가 있는가?

홉의 맛이 강하게 느껴지는 IPA^{Indian Pale Ale}를 좋아한다.

1, 2, 3 비어 바자로의 대표 메뉴인 감자튀김. 일본식 닭튀김과 모둠 소시지
4 카브루의 4종류 맥주.

펍을 찾아오는 손님들의 연령층이나 특징이 있는가?

우리나라의 경우 소주로 1차를 하고 맥주 집은 2차라는 생각이 많아 보통 저녁 8시 반 이전까지 한가하다가 이후부터 바빠진다. 주변의 클럽이 끝나는 시간이 되면 손님이 많아지고, 금요일에는 만원을 이룬다. 홍대 부근이지만 대학생들은 거의 없고 30대에서 50대까지 다양한 연령대의 손님이 온다. 여성과 남성의 비율은 7:3으로 여성 손님이 많은 편이다. 그래서 여자 화장실의 청결과 인테리어에 많은 신경을 썼다.

어떤 펍으로 만들어 가고 싶은가?

손님들과 즐겁게 만날 수 있는 펍이었으면 좋겠다.

Menu Information

▶ **생맥주** 바이젠 500㎖ 6,000원 골든 에일 500㎖ 6,000원 다크 에일 500㎖ 7,000원 IPA 500㎖ 7,000원 브루독, 워터멜론 Wit 등 시즈널 비어 9종 6,000~13,000원
▶ **대표 메뉴** 감자튀김 15,000원 소시지 17,000원 그릭 샐러드 16,000원

05

오너 셰프의 세련된
프렌치 요리가 있는 '프렌치 펍'

루블랑
LOUP BLANC

Information

▸ **주소** 서울시 마포구 서교동 342 – 2. 지하 1층
▸ **찾아가기** 2호선 홍대입구역 8번 출구에서 6분 거리. 서교동 성당 맞은편
▸ **TEL** 070 – 8849 – 2040
▸ **페이스북** www.facebook.com/loupblanccbat
▸ **영업시간** 화 – 금 18:00~01:00, 토 – 일 12:00~01:00
▸ **휴무일** 월요일 ▸ **1인 평균 예산** 20,000~30,000원

★

2호선 홍대입구역 8번 출구에서 도보 5분 거리로 서교동 성당 앞에 위치. 2014년 2월 오픈.

홍대입구역에서 나와 번화한 거리를 지나면 서교초등학교 사거리가 나오고 다시 오른쪽으로 꺾어 잠깐 걷다 보면 서교동 성당 맞은 편에 불어로 '하얀 늑대'라는 뜻의 '루블랑' 간판이 보인다. 작은 주차 공간을 지나 건물 지하로 내려가는 곳에도 흰 늑대 로고가 그려져 있는데, 흰벽에 검은색 로고와 늑대 그림이 깔끔하면서도 세련된 느낌을 준다. 펍의 문을 열고 들어서면 가운데 자리한 커다란 오픈 키친이 먼저 눈에 들어온다.

루블랑은 오너 셰프가 운영하는 프렌치 펍으로, 키친을 둘러싸고 ㄱ자 형태의 긴 바 bar가 마련되어 있어 셰프가 요리하는 모습을 보면서 맥주를 즐길 수 있다. 펍의 내부도 전체적으로 깔끔하고 차분한 분위기이다. 오너가 선곡한, 너무 요란하지는 않은 R&D, 일렉트릭, 재즈 등 인디 계열 음악이 흘러나와 혼자 혹은 둘이서 느긋하게 시간을 보내면서 맥주를 즐기기에 좋다.

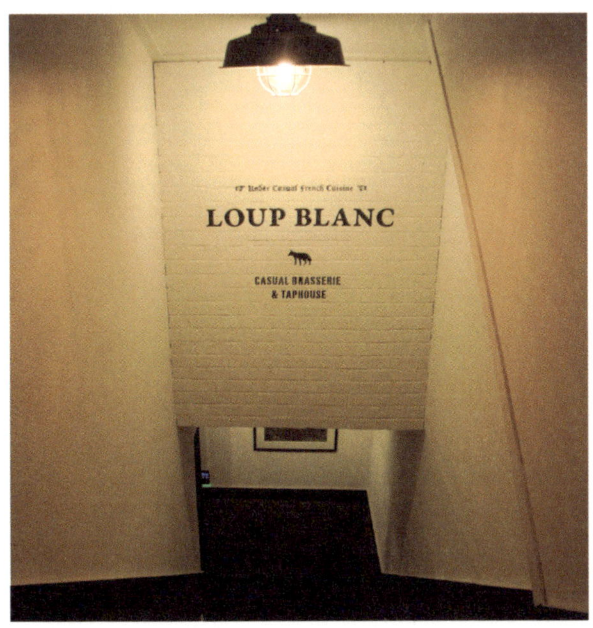

루블랑은 좋은 음식과 맥주가 있는 가스트로 펍Gastro Pub이다. 가스트로 펍은 미식을 뜻하는 '가스트로노미Gastronomy'와 '펍Pub'이 합쳐진 말이다. 특히 홍대에서도 찾아보기 어려운, 캐주얼 프렌치 요리와 크래프트 비어를 즐길 수 있는 프렌치 펍이라는 것이 가장 큰 특징. 오너 셰프인 신민섭 씨는 프랑스 르 꼬르동 블루의 한국 분교에서 2년 간 프랑스 요리를 배운 실력자로, 바게트 빵 위에 스모크 살몬, 바비큐, 고르곤 졸라, 딥 머쉬룸, 닭간 빠테 등 각종 재료를 얹은 프랑스식 핑거 푸드인 탁틴Tartine을 비롯하여 연어 타르타르, 꼬냑 새우와 루꼴라 샐러드, 닭다리 꽁피, 버섯 크림 감자 뇨끼, 닭 가슴살 끄넬 소시지, 파스타 등 계절마다 다른 메뉴의 프랑스 음식을 내놓고 있다.

모든 음식이 맛도 좋지만 모양새가 훌륭하여 특히 여성 손님이 많이 찾는다. 찬 바람이 불면 어니언 스프가 추가되고, 하몬 등 식재료가 새롭게 들어오면 메뉴가 바뀌어 찾을 때마다 어떤 음식을 맛볼까, 기대하게 되는 곳이다.

루블랑에서는 세련된 프랑스 요리와 함께 크래프트 생맥주를 맛볼 수 있는데, 지금은 덴마크 크래프트 맥주 회사인 미켈러Mikkeller를 비롯한 북유럽 크래프트 비어와 우리나라 크래프트 비어를 내놓고 있다.

병맥주는 더욱 다양한 크래프트 맥주를 갖추고 있는데, 메뉴를 보면 라거 · 필즈너, 에일, 스타우트 · 포터, 벨기에 화이트 비어, 벨기에 애비 · 트라피스트 비어 등 스타일별로 일목요연하게 구분하고 간단한 설명을 덧붙여 놓아 처음 크래프트 비어를 접하는 이들도 골라 마시기에 편하다. 30평 정도의 공간에 테이블 수는 10개. 바를 포함하여 55명 정도 수용 가능하다. 단체모임 대관도 하고 있어 작은 파티나 회식, 모임 등의 공간으로 이용할 수 있다.

1 펍의 가운데 위치한 오픈 주방. 오너 셰프의 요리하는 모습을 보면서 맥주를 즐길 수 있다 2 르 꼬르동 블루의 수료증 3 맥주병과 맥주잔. 여러 주방도구가 복잡한듯 질서정연하게 놓여있다. 4 깔끔한 흰색 벌돌로 마감한 실내는 맥주를 마시기에도 음식을 즐기기에도 좋다.

총평 세련되고 편안한 공간에서 오너 셰프가 만드는 깔끔한 캐주얼 프렌치 음식과 다양한 크래프트 비어를 즐길 수 있다. 음악 선곡도 매우 좋아 입과 귀가 모두 즐거운 공간이다.

 신민섭 대표

펍을 하게 된 계기는?

대기업 통신사에 7년간 근무하면서 기업의 부속품이 되어가는 느낌이었다. '나'만이 할 수 있는 가치가 무엇인지 고민하다가 요리를 만나게 되었고, 세계 3대 요리학교인 프랑스 르 꼬르동 블루 한국 분교에서 2년간 프랑스 요리를 공부하였다. 그리고 퇴사 3개월 만에 나만의 색깔을 가진 프렌치 펍을 열게 되었다.

펍의 콘셉트는 무엇인가? 상호인 루블랑은 관계가 있는가?

루블랑은 오너 셰프가 직접 만든 캐주얼한 프렌치 음식과 크래프트 비어를 즐길 수 있는 공간이다. '루블랑'은 '하얀 늑대'라는 뜻인데, 요리와 술이 잘 조화되는 브랜드를 생각하다가 '늑대'로 정했다. 늑대는 포식자이지만 늑대가 없어지면 생태계의 조화가 깨질 정도로 자연계를 이루는 핵심적인 동물이다. 현실이라는 생태계를 살아가는 사람들에게 술과 요리로 행복한 공간을 제공하겠다는 생각으로 루블랑이라고 정했다. 지금은 흰 늑대를 펍의 브랜드로 사용하고 있지만, 이후 다른 색깔로 넓혀 나가며 브랜드 이미지를 만들어갈 계획이다.

루블랑만의 특징이나 좋은 점은 무엇인가?

크래프트 맥주와 캐주얼 프렌치 음식과의 만남이다. 모든 메뉴는 준비부터 요리까지 직접 가게에서 이루어지며, 오너 셰프로서 자부심과 책임감을 가지고 음식을 만들고 있다.

맥주 선별 기준 혹은 맥주 리스트 교체 주기는 어떻게 되는가?

아직은 맥주에 대해 많이 알지 못하지만 스스로의 입맛을 가장 신뢰한다. 검색을 통해 새로운 맥주를 찾고 네티즌들의 반응을 알아본다. 그리고 다른 펍에 가서 새로운 맥주를 맛보고 어떤 음식과 어울리는지 체크한다. 가능한 한 다양한 종류별 생맥주와 병맥주를 한 가지 이상 보유하고자 애쓴다. 크게는 계절에 따른 맥주 리스트를 만들고 새로운 맥주가 수입되면 펍에 들여와 손님들의 반응을 살펴보고 판매한다.

크래프트 맥주 펍의 좋은 점은 무엇인가?

크래프트 맥주는 지금껏 먹어왔던 라거 위주의 맥주가 아니라 각각 맛도 다르고 개성이 강하다는 점이 매력적이다. 계절과 음식에 따라 다양한 맥주를 선택해 시도할 수 있고, 그 과정에서 새로운 경험을 할 수 있어 아주 흥미롭다.

펍을 운영하면서 가장 좋은 점은 무엇인가?

펍에서 트는 음악은 직접 선곡하는데, 내가 좋아하는 음악을 크게 감상할 수 있다는 점이 무엇보다 좋다.

좋아하거나 추천하고 싶은 맥주가 있는가?

에일 맥주를 좋아한다. 앤더슨 밸리의 계절 맥주인 윈터 솔스티스Winter Solsltice와 위드머 브라더스의 알케미 에일Alchemy Ale을 추천한다. 알케미 에일은 자몽과 솔잎의 풍미가 잘 어울려 처음 크래프트 맥주를 마시는 이들도 편하게 즐길 수 있고, 윈터 솔스티스는 진하고 달콤한 캐러멜 풍미가 매력적이다. 겨울 한정 맥주라 추운 겨울을 기다려야 하는 점이 좀 아쉽다.

펍을 찾는 손님의 연령층이나 특징이 있는가?

20대 중반부터 30대 후반까지의 손님들이 가장 많다. 주로 직장인이 많고 특히 여성들이 많이 찾아온다.

어떤 펍으로 만들어 가고 싶은가?

고단한 현실에서 잠시 비켜나와 좋은 사람들과 만나고, 웃으며 먹고 마시는 동안 마음이 힐링되는 '맛있는 펍'으로 만들어 가고 싶다. 앞으로 재즈, 인디 공연, 영화 상영, 요리 클래스 등 문화적인 콘텐츠도 결합해 나갈 계획이다. 이를 위해 이미 커다란 스크린도 마련해 놓았다.

Menu Information

▸ **생맥주** 스크림 쇼 필스너 8,000원 셀리스 화이트 9,000원 미켈러 등 북유럽 크래프트 맥주를 비롯 다양한 맥주 리스트가 주기적으로 로테이션 됨.

▸ **병맥주** 알케미 에일 9,000원 브루클린 라거 9,500원 빅 웨이브 10,000원 쉬메이 화이트 21,000원

▸ **대표 메뉴** 수비드 훈제 삼겹살 22,000원, 새우비스크 파스타 17,000원, 뵈프부르기뇽 25,000원, 오리다리 꽁피 22,000원, 슈크르트 15,000원, 훈제연어 그라브락스 16,000원, 어니언스프 7,000원, 수란튀김 5,000원

06

부부가 함께 만들어가는
홍대 크래프트 비어 펍

온탭
ON TAP

Information

▶ **주소** 서울시 마포구 서교동 333–11, 2.5층
▶ **찾아가기** 홍대입구역 7, 8번 출구 커피프린스길과 서교초등학교 사이
▶ **TEL** 02 – 322 – 4287
▶ **영업시간** 화 – 토: 17:00∼01:00 일, 월: 18:00∼24:00
▶ **휴무일** 명절　▶ **1인 평균 예산** 10,000∼15,000원

★

2호선 홍대역 8번 출구에서 도보 5분 거리로 서교초등학교 사거리 지나 골목 안의 주택가에 위치. 2014년 8월 오픈.

온탭은 홍대역 부근인 서교초등학교 사거리 주택가에 새로 지은 3층 건물의 2층에 위치한 펍이다. 건물을 위로 바라보면 먼저 온탭의 로고와 테라스가 보이고, 계단을 올라가면 문 앞에 On Tap Craft Beer라고 쓰여진 자그마한 간판이 심플하면서도 귀엽게 느껴진다.

펍은 깔끔한 외관처럼 내부도 네모 반듯한 공간에 여러 테이블이 가지런히 놓여 있어 깔끔하고 캐주얼한 느낌이며, 길다란 테이블과 둥근 테이블이 서로 조화를 이뤄 취향이나 사람의 수에 따라 편하게 앉을 수 있다. 한쪽 면이 모두 창으로 환하게 트여 있고 테라스 공간도 있어 개방감이 좋다.

온탭은 조소라 씨와 양준석 씨 부부가 운영하는 크래프트 맥주 전문 펍이다. 부인인 소라 씨는 2013년 3월부터 경희대 부근에서 크래프트 전문펍을 운영하는데, 크기는 작았지만 경희대 인근에서는 크래프트 맥주 전문점으로 꽤 알려진 곳이었다. 작년에 부부는 본격적인 크래프트 펍의 꿈을 펼치기 위해 홍대쪽으로 이전하고, 여름부터 인테리어까지 직접하여 9월에 새

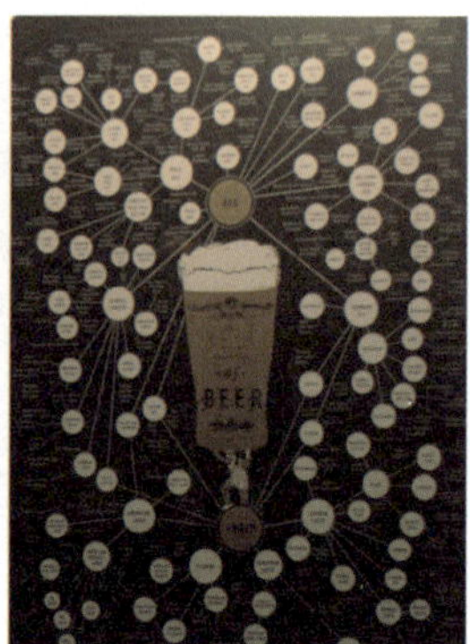

1 깔끔하게 정리된 20개의 생맥주 탭과 바공간. 인테리어 단계에서 생맥주 전용 냉장고 공간을 만들어 바를 깔끔하면서도 세련된 공간으로 만들었다. 2 크게 에일과 라거로 나뉘는 맥주의 계통을 한눈에 보여주는 맥주지도가 벽면을 장식하고 있다.

로 문을 열었다.

양준석 씨는 무역회사에 다니면서, 회사 업무 관계로 맥주 양조기계를 조사하다가 맥주 양조에 대해 관심을 갖게 되었다고 한다. 홈브루잉을 하는 사람들과 친해지고 맥주를 좋아하는 친구들과 함께 이태원의 여러 펍을 다니며 아내도 만나게 되었다. 2013년부터는 본격적으로 맥주양조를 배우며 경기대의 양조 교육프로그램인 수수보리 1기 과정을 수료하였고, 지금은 신천의 맥주 공방에서 다양한 맥주를 실험적으로 만들고 있다. 2015년 3월에는 드디어 자신의 레시피로 양조한 맥주, '점촌 IPA'를 펍에 선보였다. 고향이 경북 점촌이고, 브루어리도 인근에 있어 '점촌 IPA'라고 이름붙였다고 한다. 점촌지역은 옛부터 수공업 장인들이 모여 살던 곳이라 장인의 마음으로 장인스럽게 맥주를 만들어가겠다는 의미를 담은 것이다. 점촌 IPA는 홉향이 좋고 무겁지 않은 것이 특징이다.

온탭은 대표가 맥주 양조지식을 갖추고 있어 맥주 맛을 잘 관리하고 손님들에게 맥주에 대한 자세한 설명을 해준다는 점이 가장 큰 장점이다. 양준석 씨는 단순히 유명한 맥주보다는, 크래프트 맥주의 의미에 맞는 맥주를 선별하여 들여놓고 있다고 한다. 그래서 약간 부족한 듯 하지만 국내외 마이크로 브루어리에서 생산된 맥주와 외국의 여러 맥주 중에서 본인 나름의 기준으로 온탭의 생맥주 리스트를 정하고 있다. 또한 새로운 맥주가 들어올 때마다 작은 이벤트를 벌이고, 맥주에 따라 음식을 페어링하는 이벤트도 자주 열고 있다. 펍의 가장 안쪽에 10석 정도의 길다란 바bar가 있고, 바의 뒤쪽으로 수도꼭지 모양의 생맥주 탭 20개가 가지런히 걸려 있는 것이 조금 독특하다. 이런 생맥주 탭이 조금 낯선 이들도 많을 법한데, 요즘은 인테리어 단계에서 전용 냉장고 공간을 뒤쪽에 만들고 겉으로 드러나는 생맥주 탭은 깔끔하게 디자인해 나란히 거는 경우가 많다. 냉각기를 사용하지 않고 생맥주 탭 뒤쪽에 전용 냉장실이 있어 바 공간도 깔끔하게 꾸밀 수 있고, 전용 냉장실에 생맥주를 보관해 계절에 관계없이 일정하게 생맥주의 맛을 유지할 수 있기 때문이다.

온탭에서는 현재 양준석 대표의 레시피로 만든 점촌 IPA를 비롯하여 국내 소규모 양조장인 플래티넘의 골든 에일과 페일 에일, 제주감귤의 아로마가 독특한 히타치노 JJ에일, 히타치노 IPA 등 시즌별로 다양한 생맥주를 맛볼 수 있다. 또한 계절에 따라 게스트 탭을 바꾸면서 생맥주 리스트에 변화를 주고 있다. 병맥주도 크래프트 맥주 위주로 다양하게 들여 놓았다.

음식 메뉴는 종류를 하나씩 늘려가고 있는데, 맛도 좋고 양이 넉넉한 훈제 삽겹살과 웨지 감자는 모든 맥주와도 잘 어울린다. 겨울철에는 제철 배추에 매콤 새콤 소스를 얹은 배추찜이 가장 인기이다. 테이블은 12개가 있고, 펍의 안쪽에서 문을 열고 나가면 테라스에도 테이블이 있어 거리 풍경을 보며 좀더 느긋하게 맥주를 즐길 수 있다. 바와 테라스를 포함해 50명 정도 수용 가능하다.

총평 모던하고 캐주얼한 분위기에서 20여 종의 다양한 생맥주와 오너가 선별한 크래프트 맥주를 즐길 수 있다. 오너가 홈브루잉의 경험이 풍부해 맥주에 대한 자세한 설명을 들을 수 있다.

 INTERVIEW 조소라, 양준석 대표

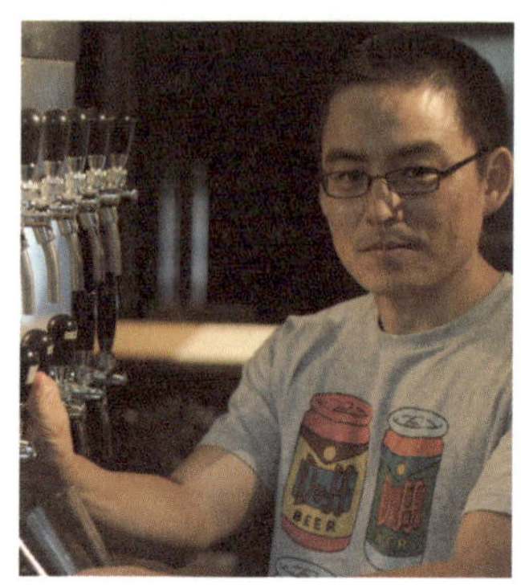

펍을 시작하게 된 계기는?

원래 사람과 맥주를 좋아한다. 남편은 무역회사에서 일했고, 나는 대기업에 다녔다. 몇년 전 개인적으로 힘든 일이 있고 나서 남들이 부러워하는 직장이 과연 좋은 것인가 하는 회의가 있었다. 맥주를 좋아하는 친구 8명이 모여 새로운 맥주를 찾아 다니면서 남편을 만났고, 신혼여행 때에는 보름간 미국 캘리포니아 양조장을 돌며 맥주 투어를 했다. 본격적으로 펍 아이디어를 낸 것은 남편이다. 천편일률적인 국산 맥주에서 벗어나 새로운 맥주를 찾아 다니다 보니 이태원이 맥주의 신세계처럼 느껴졌다. 2013년 3월 경희대 부근에서 온탭을 오픈하였는데 크기가 작아 펍을 운영하는데 한계를 느꼈다. 그래서 2014년 여름에 크래프트 맥주 펍이 가장 많은 홍대로 자리를 옮겨 새로운 펍의 꿈을 펼치게 되었다.

펍의 콘셉트는 무엇인가?

크래프트^{Craft}의 뜻을 살린 맥주 펍이다. 완성된 형태가 아니라 만들어가는 과정을 더 중요하게 생각하는데, 맥주를 고를 때도 좋고 나쁨을 떠나 맥주가 얼마나 크래프트적인가를 먼저 고려한다. 크래프트의 의미를 살려 맥주뿐 아니라 음식 메뉴도 계절감을 살린 퓨전 한식을 개발하는 등 조금씩 더 나은 모습을 손님들에게 선보이고 싶다. 한정판 맥주를 들여와 케그 데이^{keg Day} 를 열고, 새로운 맥주가 들어올 때마다 이벤트를 여는 등 크래프트 맥주를 소개하고 즐기는 공간, 무엇보다 다양한 크래프트 맥주를 누구나 편안하게 즐길 수 있는 공간이었으면 좋겠다. 크래프트 맥주의 경우 가격이 높아 부담이 되는데, 비교적 낮게 책정해 손님들의 부담을 낮추려고 애쓰고 있다.

우리 펍만의 특징이나 좋은 점은 무엇인가?

남편이 직접 맥주를 양조하기 때문에 맥주에 대해 많이 알고 있어 좋은 맥주를 선별하여 들여놓고 손님들에게 친절하게 설명해준다. 생맥주는 냉각기를 사용하지 않고 전용 냉장실이 있어 맥주의 맛이 좋다. 이벤트를 열어 손님들에게 새로운 맥주를 선보이는 것도 우리 펍의 특징이다.

1 맛도 좋고 양도 넉넉한 훈제 삼겹살과 웨지감자. 2 코에도 시로와 카브루 골든에일. 온탭 로고가 그려진 전용잔이 귀엽다.

펍을 운영하면서 가장 좋은 점은 무엇인가?

손님들과 맥주 이야기를 나눌 수 있어 좋다. 맥주를 잘 모르는 손님들에게 색다른 맥주를 소개하고 설명해주면서 우리들도 보람을 느낀다. 손님들의 맥주 취향이 변해가는 모습을 보는 것이 매우 흥미롭다.

좋아하거나 추천하고 싶은 맥주가 있는가?

코에도COEDO의 카라Kyara를 추천한다. 라거는 크래프트 맥주가 별로 없는데 카라는 독특한 맛에 품질도 좋아 계속 들여놓으려고 한다. 코나Kona의 빅 웨이브Big Wave나 시에라 네바다Sierra Nevada의 토르페도Torpedo도 좋아한다.

펍을 찾아오는 손님의 연령층이나 특징이 있는가?

전체적으로 나이가 조금 있는 편이다. 젊은층 가운데는 여자 손님이 많고 남자 손님은 직장인이 많다.

어떤 펍으로 만들어 가고 싶은가?

인테리어나 안주 등을 하나씩 추가하면서 펍을 완성해나가는 과정을 즐기고 싶다.

Menu Information

▸ **생맥주** 점촌 IPA 5,500원 플래티넘 – 골든 에일 4,000원 페일 에일 4,000원 **코에도 카라** 7,000원. **히타치노 JJ** 7,000원 **히타치노 IPA** 8,000원

▸ **병맥주** 칼리코 8,900원 **오가닉 허니듀** 9,900원 스크림쇼 9,900원 홉플랜타 9,900원 **90미닛** 14,900원

▸ **대표 메뉴** 훈제 삼겹살과 웨지 감자 13,000원. 케이준 후렌치 후라이 5,000원 배추찜 7,000원 **국물떡볶이** 9,000원

07

라자냐와 맥주의 만남
라자냐 전문 크래프트 펍

상수동 라자냐

Sangsudong Lasagne

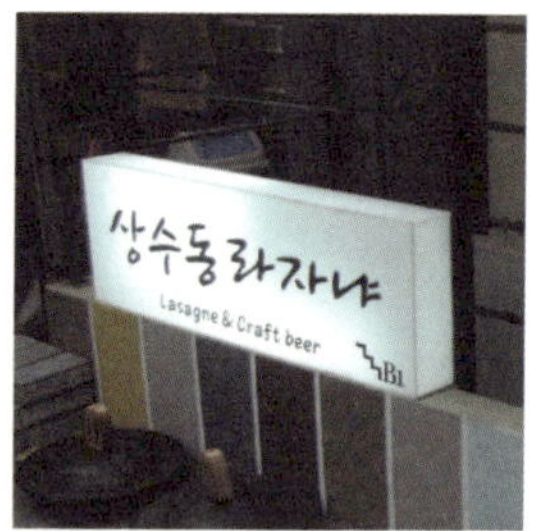

Information

▸ **주소** 서울시 마포구 와우산로 11길 9-7. 지하 1층
▸ **찾아가기** 6호선 상수역 1번 출구에서 3분 거리
▸ **TEL** 070 - 4252 - 0202
▸ **영업시간** 17:00~24:00
▸ **휴무일** 월요일　▸ **블로그** http://jochef.blog.me
▸ **1인 평균 예산** 25,000원

3호선 상수역 1번 출구에서 5분 거리로 극동방송 건너편 올리브 영사이 골목 안쪽에 위치. 2014년 5월 오픈.

독특한 카페와 술집들이 속속 들어서고 있는 상수동 거리. 그 중에서도 상수동 라자냐는 '상수동 이태리'로 유명한 셰프 조주형 씨와 원성윤 매니저가 운영하는 라자냐 전문 크래프트 맥주 펍이다. 요즘 유행하는 피자와 맥주에 이어 라자냐와 맥주의 조합은 어떨까? 자못 궁금증을 자아내는 곳이다.

6호선 상수역 1번 출구에서 나와 홍대쪽으로 걷다가 올리브 영 사이로 들어와 첫 번째 골목에서 좌회전하면 고기 집과 타이 레스토랑이 있는 작은 건물이 보인다. 그 건물 지하 1층에 상수동 라자냐가 자리잡고 있다. 얼핏 상호가 작아 놓칠 수 있는, 작은 글씨의 '상수동 라자냐' 아래로 내려가면 'Lasagne & Craft Beer'라는 네온사인과 코에도 생맥주 통이 입구를 장식하고 있다.

펍 안으로 들어서니 아담한 규모에 깔끔한 분위기가 먼저 느껴진다. 바가 있는 한쪽에는 생맥주 탭이 걸려있고, 다른 쪽에는 라자냐의 토핑 작업을 하는 작업대와 라자냐를 굽는 큰 오븐이 놓여 있다. 그 뒤편으로 주방이 보인다. 벽면의 한쪽은 다양한 색의 무늬목으로, 한쪽은 노출 콘크리트와 시멘트 블록으로 마무리해서 빈티지한 느낌이지만 깔끔하고 편안한 분위기이다. 테이블 위에는 나이프와 포크가 가지런히 놓여 있어 이탈리안 레스토랑의 분위기도 느껴지고, 무겁지 않고 캐주얼하다.

가게 안쪽 벽에는 "Only Lasagne"의 글귀가 보인다. 오너 셰프의 자존심이랄까, 자부심이 느껴진다. 라자냐와 맥주의 멋진 조합을 생각한 조주형 씨는 진한 소스 맛의 라자냐와 풍미가 좋은 크래프트 맥주는 특히 잘 어울린다고 말한다. 그는 맥주와 즐기기에 좋은 라자냐를 그만의 방식으로 시도하고 있었다. 라자냐Lasagna는 이탈리아 파스타 요리의 하나로, 밀가루 반죽을 직사각형으로 얇게 밀고 속 재료를 층층이 쌓아 함께 오븐에 구워 만든 음식이다. 조주형 씨는 라자냐를 맥주와 함께 즐길 수 있도록 건면 대신 직접 생면을 만들

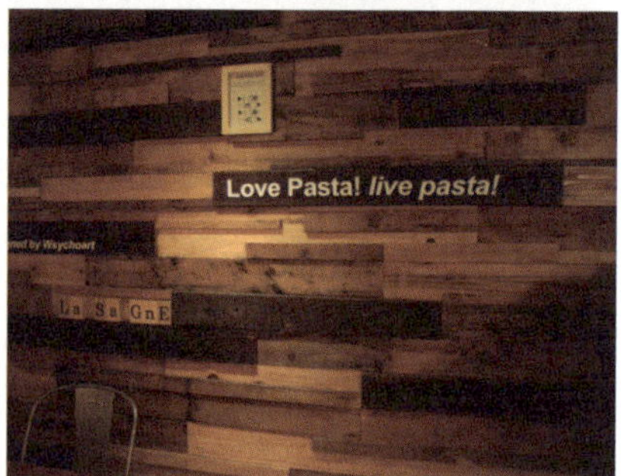

어 반죽으로 사용하며, 피자처럼 넓적한 네모반죽 위에 다양한 토핑과 소스를 얹는다. 그런 후에 피자처럼 잘라서 내온다. 이탈리아 레스토랑에서도 보통 한두 가지의 라자냐만을 내놓는 경우가 많은데, 상수동 라자냐는 조주형 대표가 개발한 다양한 종류의 라자냐를 선보이고 있다. 미트 소스를 듬뿍 올린 오리지널 라자냐를 비롯해 버섯 삼겹살 라자냐, 청양고추가 들어가 톡쏘는 매콤한 맛이 특징인 청양 라자냐 등 비주얼도 좋지만 풍미가 더욱 일품인 여러 라자냐를 맛볼 수 있다. 은은한 조명과 밝고 경쾌한 음악을 즐기며, 오븐에서 갓 구워 나온 뜨끈뜨끈한 라자냐와 신선한 크래프트 생맥주를 곁들이니 그 맛이 썩 잘 어울린다.

오너인 조주형 셰프는 국내 레스토랑에서 15년 간 근무하였고, 이탈리아를 비롯한 유럽 여러 나라를 여행하면서 요리를 익혀 이탈리안 요리사로 꽤 유명하다. 몇 년 전 그는 번잡스러운 홍대 지역을 벗어나 편안한 느낌의 상수동 주택가에서 이탈리아 레스토랑을 시작하였다. 바로 '상수동 이태리'가 그 시작이다. 그리고 치킨과 맥주의 조합이 조금 아쉽던 차에 라자냐와 풍미가 깊은 크래프트 맥주와의 훌륭한 조합을 선보이고 싶었다고 한다. 그것이 두 번째 상수동 프로젝트인 '상수동 라자냐'의 시작이라고. 벽 한면에 '상수동 프로젝트'라는 글귀를 보면, 아무래도 조주형 셰프는 또 다른 상수동 시리즈를 꿈꾸고 있는 듯싶기도 하다.

현재 상수동 라자냐는 국내 소규모 맥주 양조장인 카브루에서 만드는 IPA와 앨리캣, 일본 크래프트 맥주회사인 코에도의 밀맥주 시로Shiro와 독일식 다크비어 시코쿠Shikkoku, 그리고 미국의 크래프트 맥주회사인 발라스트 포인트의 IPA 맥주 스컬핀Sculpin을 생맥주로 내놓고 있다. 상큼한 밀맥주에서 진한 맛의 IPA까지 다양한 맛의 생맥주를 골라 마실 수 있다.

라자냐 전문 맥주 펍인 만큼 다양한 맛의 라자냐를 즐기는 즐거움도 크다. 오리지널 라자냐, 청양 라자냐, 토마토 샐러드 라자냐, 칠리치즈 라자냐, 구운 감자 라자냐, 버섯 삼겹살 라자냐, 베이컨 햄 라자냐, 구운 야채 라자냐 등 다양한 라자냐를 맛보는 것만으로도 즐거워진다. 모든 라자냐는 여러 조각으로 잘라져 나와 손으로 먹거나 큰 포크로 먹기에도 좋고, 하프로 시켜 다양한 맛을 즐길 수도 있다. 여기에 더해서 맥주를 재료로 해서 만든 맥주 아이스크림도 꼭 맛보자. 깔끔하면서도 독특한 디저트로 좋다.

현재 테이블은 7개, 바를 포함해 20인 정도 수용 가능하다.

총평 캐주얼하고 깔끔한 분위기에서 오너 셰프가 직접 만든 다양한 라자냐와 신선한 크래프트 생맥주를 즐길 수 있다. 서로 다른 맛의 라자냐에 맞추어 크래프트 맥주를 골라 마시는 즐거움이 있다.

 조주형 오너 셰프, 원성윤 매니저

펍을 시작하게 된 계기는?

상수동 주택가에서 '상수동 이태리'라는 이탈리아 레스토랑을 처음 시작하였다. 상수동 라자냐는 크래프트 맥주가 대중화되기 이전부터 기획했었다. 무엇보다도 치킨에 맥주 마시는 패턴에서 벗어나 새로운 것을 추구하고 싶었고, 진한 소스의 라자냐와 풍미가 좋은 맥주가 잘 맞기 때문에 라자냐와 크래프트 맥주를 편안하게 즐길 수 있는 라자냐 전문 크래프트 맥주 펍을 구상해왔다. 지금은 상수동에도 상업적인 공간이 많이 들어와 있지만 , 본래 상수동의 편안한 주택가 분위기에 어울리는 펍을 만들어가려고 한다.

펍의 콘셉트는 무엇인가?

크래프트 맥주와 라자냐를 편안하게 즐길 수 있는 펍이다. 모든 라자냐 재료는 이곳에서 만든다. 기본 라자냐 반죽을 준비해놓고 손님의 주문에 맞추어 즉석에서 토핑과 소스를 얹고 오븐에서 구워 나간다. 맥주도 라자냐에 어울리는 것을 종류별로 선별하여 손님 개인의 취향에 맞게 골라 즐길 수 있도록 한 것이 특징이다.

상수동 라자냐만의 특징이나 좋은 점은 무엇인가?

다양한 라자냐와 맛좋은 크래프트 맥주를 함께 즐길 수 있다는 점이다. 라자냐의 경우 일반 레스토랑에서 직접 만들어 판매하기 힘든 음식이다. 우리 펍은 라자냐를 전문으로 하는 최초의 펍이다. 인테리어나 음악도 너무 어렵거나 고풍스럽지 않고 편안한 분위기에서 크래프트 맥주와 라자냐를 즐길 수 있도록 꾸몄다.

맥주 선별 기준 혹은 맥주 리스트 교체 주기는 어떻게 되는가?

맥주 선정은 원성윤 매니저가 하고 있다. 코에도 시로, 시코쿠, 카브루 페일 에일, 앨리캣 IPA, 발라스트 포인트 스컬핀 등 라자냐와 잘 어울리는 크래프트 맥주를 종류별로 선별하였다. 개인의 맥주 취향이나 선택한 라자냐에 따라 골라 마실 수 있도록 다양한 리스트를 갖추려고 한다.

펍을 찾아오는 손님의 연령층이나 특징이 있는가?

맥주와 음식에 전문성이 있어서인지 손님들에게서도 전문성이 보인다. 라자냐와 크래프트 맥주를 통해 펍의 전문성을 보여주고 싶었는데 다행히 손님들도 그런 것을 보고 찾아온다. 20대 중, 후반에서 30대 초반의 손님이 많고, 여성이 70%를 차지한다.

앞으로 어떤 펍으로 만들어 가고 싶은가?

원래 라자냐는 블로냐식 라자냐 밖에 없는데 이제껏 시도한 것처럼 라자냐 메뉴를 보다 다양화하고 싶다. 또한 제철음식을 반영한 라자냐 메뉴를 개발하려고 한다. 예를 들어, 봄에는 주꾸미 라자냐 같은 새로운 메뉴를 만들어 볼 수 있다. 앞으로 새로운 라자냐의 메뉴가 생기면 맥주도 변화를 주려고 한다.

어떤 펍으로 만들어 가고 싶은가?

인테리어나 안주 등을 하나씩 추가하면서 펍을 완성해나가는 과정을 즐기고 싶다.

Menu Information

▸ **생맥주** 엘리엘리 페일에일(Alley Kat) 320ml 5,000원 450ml 7,000원 **맑은청평 아이피아이**(Kabrew) 320ml 6,000원 450ml 8,000원 **시로시로 바이젠**(COEDO Shiro) 320ml 7,000원 450ml 9,000원 **작은도쿄 시코쿠**(COEDO Shikkoku) 320ml 7,000원 450ml 9,000원 **스컬핀 아이피에이**(Ballast Point Sculpin IPA) 320ml 9,000원 450ml 12,000원

▸ **병맥주** 추후 예정

▸ **대표 메뉴** 토마토 샐러드 라자냐 12,000원 **칠리 치즈 라자냐** 15,000원 **베이컨 햄 라자냐** 15,000원 **오리지널 라자냐** 17,000원

08

슬로 푸드 '타진' 요리와 함께 즐기는
크래프트 비어 펍

호훔
HOHUM

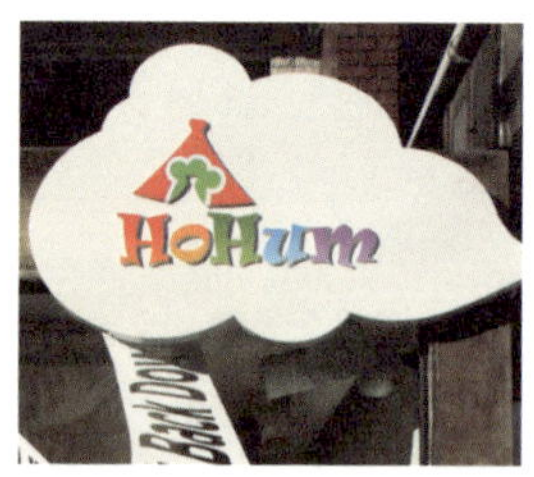

Information

▸ 주소 서울시 마포구 서교동 395 – 20. 1층
▸ 찾아가기 합정역 3번, 상수역 1번 출구, 캐슬프라하 안쪽 골목
▸ TEL 02 – 6349 – 3303   ▸ 홈페이지 www.hohum.co.kr
▸ 페이스북 www.facebook.com/hohumhada
▸ 영업시간 월~금 12:00~24:00, 토 12:00~01:00, 일 12:00~23:00
  break time 15:30~17:30   ▸ 휴무일 연중무휴
▸ 1인 평균 예산 12,000~15,000원

★

지하철 2호선 합정역 3번 출구에서
5분 거리로, 카페와 술집이 늘어선
홍대 번화가의 안쪽 골목길에 위치.
2012년 8월 오픈.

합정역에서 출판사가 많은 서교동 길로 접어들면 주택가에 카페나 식당들이 곳곳에 있는 골목이 나온다. 2~3분 정도 주택가와 카페가 섞여 있는 길을 걷다 보면 홍대 번화가로 들어서기 바로 전에 '호훔'이라는 독특한 냄비 그림이 그려진 간판이 보인다. 펍보다는 카페 분위기가 물씬 나는 이곳은 타진Tagine 요리가 있는 가스트로펍이다. 많은 이들이 오가는 캐슬 프라하 거리에서 안쪽으로 불과 20미터 정도 떨어졌는데도 한가롭고 조용하여 마음도 차분해진다. 작은 앞마당 같은 공간을 지나 펍 안쪽으로 들어가면 깔끔하게 정돈된 테이블과 하얀 색의 벽이 어울려 아기자기한 분위기이다. 벽에는 모로코 전통 음식인 타진의 그림이 그려져 있다. 천장은 흰 천으로 치장했는데, 언뜻 몽실몽실한 구름처럼 보인다.

김재경 대표의 설명으로는 '아함'하고 하품할 때 나는 큰 숨인 '호훔'과 타진 냄비의 뚜껑을 열 때 나는 김을 형상화한 것이라고 한다. 입구 테이블에는 원색의 예쁜 타진 냄비와 타진요리를 소개한 잡지가 놓여 있어 이곳이 타진요리 전문 펍이라는 것을 알 수 있다.

안쪽에는 여러 개의 생맥주 탭이 걸려 있고, 냉장고에는 다양한 크래프트 맥주가 놓여 있다. 호훔에서는 국내 소규모 맥주 양조장인 경기도 일산의 더 테이블The Table에서 만드는 4가지의 생맥주를 맛볼 수 있다. 상큼한 과일 향이 나는 밀맥주 바이젠, 감미로운 맛의 에일 맥주인 허니 브라운, 황금빛 라거인 필스너, 꽃향이 나는 페일 에일 맥주인 아이스가 있고, 4종을 모두 맛볼 수 있는 샘플러도 있다. 병맥주로는 알코올 도수 9%의 러시안 임페리얼 스타우트인 올드 라스푸틴Old Rasputin 스타우트, 에일과 다양한 IPA 크래프트 맥주와 벨기에 대표 트라피스트 맥주인 오르발Orval을 비롯해 40여 종의 맥주를 갖추고 있다. 그리고 맥주 레이블이 인상적인 덴마크 크래프트 맥주 회사인 미켈러Mikkeller의 오렌지 유자 포터, 몽크스 브루, 피터페일 앤 메리 등도 맛볼수 있다. 특히 다양한 벨기에 맥주 리스트가 돋보인다.

호훔이 내놓는 음식의 특징은 동파육, 꼬꼬블랑, 굴라쉬, 구와야키 같은 세계 여러 나라의 음식을 타진 냄비로 요리한다는 점이다. 타진은 모로코, 알제리, 튀니지 등 물이 귀한 북부 아프리카 사막지역의 전통 요리를 말한다. 고깔 모자 모양의 독특한 뚜껑이 있는 냄비에 영양파괴를 최소화한 저수분 요리로, 독특한 조리법 만큼이나 착한 슬로푸드여서 깊은 맛을 자랑하는 크래프트 맥주와 잘 어울린다.

김재경 대표는 방송작가로 오랫동안 일하면서 여러 나라를 여행한 여행가이기도 하다. 다양한 경력과 경험을 가진 그는 자신만의 독창성을 발휘해 지금의 호훔을 만들어가고 있다. 현재 대학에서 연극학을 가르치는 부인과 함께 배낭 여행을 다니면서 현지 음식을 즐기고 현지의 펍 문화를 경험한 것이 호훔을 오픈한 계기가 되었다고 한다. 펍의 테이블 수는 15개, 30명 정도 수용 가능하다.

홍대의 번화한 거리를 살짝 벗어난 골목의 아기자기하고 깔끔한 카페 분위기 펍에서 다양한 타진 퓨전요리와 크래프트 맥주를 즐길 수 있다. 맥주 지식이 많은 오너로부터 맥주를 추천 받고 친절한 설명을 들을 수 있다.

1 모로코 전통요리인 '타진'과 크래프트 비어와의 어울림이 좋다. 2 타진요리를 하는 타진 냄비. 고깔모자 모양의 독특한 뚜껑이 특징이다. 3 맥주병과 코스터들로 장식한 바. 호훔에서는 국내 양조장인 더테이블에서 만든 4종류의 생맥주와 다양한 크래프트 맥주를 맛볼 수 있다.

INTERVIEW 김재경 대표

펍을 하게 된 계기는?

방송 작가를 하면서 아내와 배낭여행을 많이 다녔다. 여러 나라에서 현지 음식을 먹고 펍에 가는 것이 좋았다. 그러다가 마흔이 넘고, 두 아이가 태어나면서 여행 경험을 살린 펍을 열게 되었다. 세계 여행을 하면서 새로운 삶의 방식과 사람을 만나는 것이 좋았는데, 지금 펍을 하면서 또 다른 여행을 하는 기분이다.

펍의 콘셉트는 무엇인가?

프랑스에서 처음 먹어 본 모로코의 타진 요리에서 아이디어를 얻어 퓨전 타진요리와 크래프트 맥주를 즐길 수 있는 펍을 만들게 되었다. 타진 요리는 냄비도 예쁘고 음식 맛도 좋아 퓨전 타진 요리에 초점을 맞추게 되었다. 2012년 오픈할 때는 음식이 중심이었는데, 2014년 4월에 크래프트 맥주와 타진 요리를 즐길 수 있는 가스트로 펍으로 콘셉트를 바꾸었다.

호훔만의 특징이나 좋은 점은 무엇인가?

타진 요리를 재해석한 다양한 창작 음식을 맛볼 수 있다. 중국의 동파육에서부터 헝가리의 굴라쉬, 프랑스의 꼬꼬블랑, 일본의 구와야키까지 전 세계 요리와 모로코에서 유래된 타진 요리를 퓨전화한 음식을 다양한 크래프트 맥주와 함께 즐길 수 있다. 모든 음식은 아내가 직접 정성스럽게 만든다.

창업 전 생각했던 것과 가장 다른 부분은 무엇인가?

인테리어를 하면서 계획과 달리 콘셉트가 바뀐 것 같다. 원래의 콘셉트는 손님들이 대화를 나누고 일상의 힘든 삶을 재충전할 수 있는 펍이었는데, 인테리어를 하면서 밝고 화사한 카페처럼 만들어졌다.

크래프트 펍의 좋은 점은 무엇인가?

크래프트 맥주는 도전적이고 독특한 맥주가 많다. 사람들에게 좋은 크래프트 맥주를 소개하는 것이 좋고, 새로운 음식과 맥주를 찾는 손님들과 커뮤니케이션 할 수 있어 즐겁다.

1. 2 크림 소스로 맛을 낸 프랑스풍 닭요리 '꼬꼬블랑'과 중국요리인 삼겹살 돼지찜 요리 '동파육'과 피자. 호홉은 세계 여러나라 요리를 타진요리로 내고 있다.

펍을 찾아오는 손님의 연령층이나 특징이 있는가?

20대 후반에서 30대 중반의 손님이 많다. 특히 구매력 있고 새로운 음식에 호기심이 강한 여성들이 타진 요리를 맛보기 위해 많이 온다. 반면 20대 초반의 대학생은 많지 않다. 남녀 비율은 반반이다.

좋아하거나 추천하고 싶은 맥주가 있는가?

크래프트 비어는 단순한 '술'이 아니라 '문화'라고 생각한다. 그래서 도전적이고 혁신적인 브루어리 맥주를 좋아한다. 스코틀랜드 브루 독Brew Dog의 펑크Punk IPA와 덴마크 미켈러의 피터 페일 앤 매리 Peter Pale and Mary를 좋아한다.

어떤 펍으로 만들어 가고 싶은가?

가장 내세울 수 있는 것이 타진 요리이기 때문에 좋은 맥주와 좋은 음식을 합리적인 가격에 즐길 수 있는 곳으로 만들고 싶다. 그리고 삶을 재충전할 수 있는 곳이자 커뮤니케이션의 공간으로 키워가 고 싶다.

Menu Information

▶ **생맥주 바이젠** 5,500원 **허니 브라운** 6,000원 **스타우트** 6,000원 **페일 아이스** 6,500원 **필스너** 7,000원 **포터** 9,000원 **4종 샘플러** 14,000원

▶ **병맥주 세인트 루이스 크릭** 10,000원 **파우웰 크왁** 17,000원 **델리리움 트레멘스** 18,000원 **스컬핀** 12,000원 **시 에라 네바다 토피도** 12,000원 **로쉐포르트 10** 29,000원

▶ **대표 메뉴 지중해 60분** 24,000원 **엘로나피자** 19,000원 **꼬꼬블랑** 18,000원 **굴라쉬** 18,000원 **동파육** 26,000원 **소로나피자** 17,000원 **펠로나피자** 18,000원

09

맥주와 음식, 만화가 있는
'펀펀한' 펍

케그 비

Keg B

Information

▸ 주소 서울시 마포구 상수동 92-6. 2층
▸ 찾아가기 6호선 상수역 1번 출구, 극동방송국 맞은편 GS25 골목
▸ TEL 02-334-1979   ▸ 영업시간 17:00~01:00
▸ 휴무일 연중무휴   ▸ 1인 평균 예산 15,000~20,000원

★

지하철 6호선 상수역 1번 출구에서 도보 5분 거리로 극동방송 맞은편 꿀벌상회 골목 30m 안쪽에 위치. 2014년 6월 오픈.

상수역 부근의 극동방송국쪽 번화가 거리에서 2분 정도 안쪽 골목으로 들어오면 대로보다 한결 여유있는 골목이 나온다. 케그 비는 그 골목 2층에 위치한 펍이다. 먼저 벽면의 푸른색이 맥주의 시원함을 연상케하는 펍에 들어서면 오른쪽에 생맥주 탭이 걸려 있는 바가 있고, 펍의 중간에는 기다란 나무 테이블이 놓여 있다. 안쪽에는 여러 명이 앉을 수 있는 테이블이 가지런히 놓여 있으며, 다른 한쪽에는 거리를 내려다보면서 맥주를 마실 수 있는 공간이 있다. 한쪽 벽면에는 작은 스크린이 있는데, 주로 애니메이션이 상영되고 있다. 케그 비는 만화잡지사에 다니던 선후배 세 명이 함께 만든 펍이다. 만화편집자, 추리 소설 편집자, 그리고 만화기획자인 김현국 씨가 제2의 인생을 계획하며 의기투합한 곳이다. 셋이서 국내 수입된 여러 맥주를 시음하며 몇 달의

준비를 한 끝에 상수역 인근의 조용한 골목에 펍을 오픈하였다. 그래서인지 펍 곳곳에는 만화를 활용한 장식도 보이고 흥미로운 맥주 코스터의 일러스트도 붙어있다. 케그 비는 크래프트 맥주와 만화 등 대중문화가 융합된 독특한 문화공간 펍을 지향하고 있어 만화와 애니메이션이 있는, 아담한 규모의 캐주얼한 분위기에서 다양한 생맥주와 크래프트 맥주

1 생맥주를 담는 스테인리스 통 '케그'를 일러스트로 한 펍 로고 2 창을 활짝 연 2층 창가.
벽면의 푸른색과 흰색이 맥주의 시원함을 연상케한다. 3 맥주병과 장난감을 전시해 둔
펍 입구. 4 바 위쪽의 독특한 조명이 장식효과를 톡톡히 한다. 5 '만화가 있는 펍' 케그비
는 한 벽면에 스크린을 설치해 애니메이션을 상영하고 있다.

를 즐길 수 있어 좋다. 생맥주는 국내 브랜드와 외국 브랜드의 맥주를 스타일이 겹치지 않게 선별하여 함께 내놓고 있으며 병맥주 라인업도 계속 바꾸어 가고 있다. 생맥주는 국내 소규모 맥주 양조장의 하나인 바이젠 하우스의 바이젠Weizen, 골든 에일Golden Ale, 페일 에일Pale Ale, 포터Porter 4종류가 대표적이다. 4종류 샘플러도 있어 크래프트 맥주를 처음 맛보는 이들에게 권할 만하다. 그리고 독일의 가펠 쾰쉬Gaffel Kölsch 체코의 필스너 맥주 예젝Yezek과 미국 발라스트 포인트Ballast Point 맥주회사의 빅 아이Big Eye 등 모두 9종의 크래프트 생맥주를 맛볼 수 있다.

이외에 다양한 크래프트 병맥주를 구비해 놓고 있어 종류별로 맥주를 즐길 수 있다. 메뉴판에는 크래프트 맥주마다 자세한 설명을 곁들여 놓아 맥주를 고르는데 도움을 받을 수 있다. 펍의 테이블 수는 9개, 35명 정도 수용 가능하다.

총평 아담하고 캐주얼한 분위기에서 다양한 크래프트 맥주를 즐길 수 있다. 만화 관련 출신들이 만든 펍이라 활약상이 기대되는 곳이기도 하다.

 김현국 공동 대표

펍을 시작하게 된 계기는?

만화잡지사에 다녔다. 출판의 미래가 불투명하고 언제 회사를 그만둘지 모르는 나이에 접어들면서 제 2의 인생을 준비하는 단계로 펍을 시작하게 되었다. 커피를 공부하면서 커피숍을 계획했지만 크래프트 맥주를 맛본 다음 마음이 바뀌었다. 핸드드립 커피를 처음 접했을 때의 충격과 비슷할 정도로 크래프트 맥주의 독특한 맛에 빠져버렸기 때문이다. 그래서 크래프트 맥주 펍으로 업종을 변경하였다. 창업을 결심하고 두 달 동안 세 명이서 맥주 테스팅에만 수백 만 원을 써가면서 맥주를 연구하였다. 다른 펍에 비하면 아직 초보라 할 수 있지만, 진지하게 펍을 만들어가고 있다.

펍의 콘셉트는 무엇인가?

다양한 맥주는 기본이고, 문화가 있는 펍을 만들려고 한다. 세 명의 공동 대표가 모두 만화와 관련된 일을 하고 있기 때문에 가게 홍보도 만화와 관련된 소재로 하고 있다. 맥주의 코스터도 만화 일러스트레이터에게 부탁하여 만들었고, 펍 벽면에는 '맥주를 마셔야 하는 이유'를 소재로 하여 3단 만화로 장식할 계획을 갖고있다.

케그 비만의 특징이나 좋은 점은 무엇인가?

맥주뿐 아니라 음식에도 많은 노력을 기울이고 있다. 가능한 범위에서 수제 재료를 사용한다. 맥주와 곁들여 나가는 바실 그리시니도 고급 케이크를 만드는 곳에서 직접 만들어 납품 받기 때문에 단가가 높지만 무료로 제공한다.

펍을 운영하면서 가장 좋은 점은 무엇인가?

"크래프트 맥주가 뭐지?"하고 찾아오는 손님에게 맥주에 대해 설명해 주고, 손님들이 크래프트 맥주가 훨씬 맛있다는 것을 알고 좋아하는 모습을 보면 보람을 느낀다. 그리고 늘 새로운 사람을 만날 수 있다는 것도 펍 운영의 즐거움이다. 몇 년 동안 연락이 없던 친구가 펍으로 찾아오기도 하고 인간관계가 재정립되는 계기가 되는 것 같아 좋다.

1 2 리코타 샐러드와 수제 소시지. 양도 푸짐하고 맛도 좋다. 3 바이젠 하우스의 생맥주 4종을 한꺼번에 맛 볼 수 있는 4종 샘플러.

좋아하거나 추천하고 싶은 맥주가 있는가?

홉의 쓴 맛이 특징인 IPA^Indian Pale Ale 계열의 빅 아이와 몰트의 달달함과 과일 향이 어우러진 앰버 에일 계열의 브루 독^Brew Dog 5AM이다.

펍을 찾아오는 손님의 연령층이나 특징이 있는가?

20대 후반에서 30대의 직장인이 많다. 평일에는 여자 손님이 70%를 차지하고, 주말에는 데이트하는 사람들이 주로 온다.

어떤 펍으로 만들어 가고 싶은가?

펍이 자리를 잡으면 문화 공간으로 확대하고 싶다. 가능하다면 생맥주 탭이 많이 걸려 있는 2호 펍과 보틀 숍도 내고 싶다. 그 이후에는 직접 만든 맥주 레시피로 맥주를 만들고 싶다.

Menu Information

▶ **생맥주 수제맥주 바이스** 460㎖ 6,000원 **아이홉소** 385㎖ 5,000원 **페일 에일** 7,000원 **헤리포터** 7,000원 **4종 샘플러** 16,000원 **빅 아이** 460㎖ 11,000원 **예젝 그랜드 필스너** 420㎖ 8,000원 **카라** 345㎖ 8,000원 **가펠 쾰쉬** 400㎖ 8,000원

▶ **병맥주 스컬핀** 11,000원 **소네호펜** 9,000원 **프리마토 프리미엄 라거** 8,000원 **쉬메이 블루** 17,000원 **올드 라스푸틴** 12,000원

▶ **대표 메뉴 고르곤졸라 피자** 12,000원 **수제소시지&빵** 15,000원 **바삭나초** 9,000원 **프로슈토햄 피자** 15,000원 **한치와 땅콩연합** 10,000원

SMOKING ROOM

10

개성있는 크래프트 맥주를
만드는 연남동 펍

크래프트 원
CRAFT ONE

Information

▸ 주소 서울 마포구 연남동 227-1. 2층
▸ 찾아가기 동교동 로타리에서 연희 IC 방향으로 300미터
▸ TEL 02-3144-7499 ▸ 페이스북 www.facebook.com/onekegday
▸ 영업시간 평일 오후 18:00~02:00 공휴일, 휴일 17:00~02:00 일요일 17:00~24:00
▸ 휴무일 설날, 추석 연휴   ▸ 1인 평균 예산 20,000원

★

공항철도 8번 출구에서 5분 거리로, 연희동 방향에 위치. 2013년 6월에 오픈.

동교동 로터리에서 연희동 방면으로 오다보면 연남동 동진시장 초입에 크래
프트 원이 있다. 언뜻 펍이 있을 것 같지 않은 동네지만, 대로에서 아래 길로
살짝 꺾어 들어가면 최근 개성 있는 작은 술집이 하나 둘씩 늘어나는 거리를
만날 수 있다.

크래프트 원은 홍대에서도 꽤 알려진 '펍원'에서 두 번째로 오픈한 펍이다. 펍
원이 아주 대중적인 펍이라면, 크래프트 원은 크래프트 맥주를 전문으로 하
는 펍이다. 2층 펍으로 올라가는 계단에 인간이 진화화는 모습을 그린 그림과
함께 'Beer Evolution 맥주의 진화'이라고 쓰여진 문구가 인상적이다. 펍은 트
인 공간에 테이블이 질서정연하게 놓여 있어 마치 도서관 카페 같은 느낌이
다. 입구 쪽에 여러 개의 생맥주 탭이 걸려 있는 바bar가 있고, 오른쪽은 도로
와 면해 있어 바깥 풍경을 보면서 맥주를 즐길 수 있다. 천정에는 맥주병으로
만든 샹들리에가 곳곳에 걸려 있어 매니아적인 크래프트 펍의 분위기를 다시
한 번 확인할 수 있다.

안쪽에는 크래프트 원의 독특한 공간인 'Brewing Lab'이 있다. 바로 정현철

대표가 맥주를 연구하는 작업실이다. 작업실 안에는 맥주 양조에 쓰이는 각종 기구로 가득하다. 그는 맥주에 대한 애정과 지식이 상당해 새로운 맛의 맥주를 실험하기도 하고, 직접 맥주 레시피도 개발하고 있다. 다른 펍과 크래프트원의 차별점이라면, 생맥주가 전체 맥주 메뉴의 95%를 차지한다는 것이다. 생맥주 가운데 크래프트원의 대표 맥주인 밍글Mingle과 아이 홉 소I Hop So는 정현철 대표가 직접 양조 레시피를 개발하여 양조장에 위탁 생산한 맥주 브랜드이다. 밍글Mingle은 한국인의 입맛을 겨냥해 밀 맥주와 미국식의 페일 에일Pale Ale을 섞어 만든 맥주로, 쌉쌀한 맛이 별로 없어 편하게 마실 수 있다. 최근에 개발한 '아이홉소'는 인디언 페일 라거Indian Pale Lager로 홉의 쌉쌀한 맛을 더한 맥주다. 그 외에도 영국의 런던 프라이드, 런던 포터, 그리고 플래티넘이나 바이젠 하우스와 같은 국내 소규모 양조장에서 만든 페일 에일 및 포터 등의 생맥주를 리스트를 바꿔가며 내놓고 있다.

병맥주는 생맥주 리스트에 없는, 보다 실험적이고 색다른 맥주를 선별하여 갖추어 놓았다. 손님들에게 다양한 맥주를 선보이기 위해 정기적으로 생맥주와 병맥주의 라인업을 바꾸고, 새로운 맥주가 들어오면 작은 행사를 마련하고 페이스 북에 공지하는 등 크래프트 비어 마니아들과의 소통에도 적극적이다. 현재 약 1,300명 정도가 페이스북의 '좋아요' 에 참여하고 있다.

맥주와 함께 즐기는 메뉴로 그릴드 비어 소시지, 로스트 포크, 비어치킨 텐더 & 감자튀김과 최근 선보인 버거원 등 한끼 식사로도 손색이 없는 푸짐한 안주와 나초 살사와 감자튀김 등 가벼운 안주로 구성되어 있다. 펍의 테이블은 15개, 40명 정도 수용 가능하다.

총평 소박하고 캐주얼한 분위기에서 펍 자체의 레시피로 만든 맥주와 국내 소규모 양조장의 생맥주를 즐길 수 있다. 또한 국내에서 만나기 힘든 게스트 맥주를 들여와 선보이기도 한다.

1 맥주병으로 만든 샹들리에가 펍 곳곳을 장식하고 있다 2 커다란 창문 너머로 건너편 주택가가 보인다. 3 크래프트 원에서 만든 대표 맥주인 '밍글' 4 해피아워(18:00~20:00)에는 다양한 할인 맥주를 즐길 수 있다.

 **INTERVIEW** 정현철 대표

펍을 시작하게 된 계기는?

크래프트 원은 2011년 홍대의 펍원Pub One에 이은 두 번째 펍이다. 펍원은 자그마한 공간이라 국내 생맥주 한 종류만을 팔았지만 맥주 관리를 철저히 해 맛이 좋다는 평을 많이 들었다. 손님들이 많았고, 성공적인 데뷔를 한 셈이다. 맥주에 대한 관심이 많아 공부를 할수록 우리 펍만의 맥주를 만들고 싶어졌다. 오랫동안 펍을 유지하기 위해 펍원의 작은 공간에서 벗어나 상대적으로 임대료가 싼 연남동에 크래프트 맥주를 전문으로 하는 펍을 오픈하였다. 최근에 크래프트 병맥주를 전문으로 파는 '보틀원Bottle One'이라는 보틀숍을 근처에 오픈하였다.

크래프트 원의 콘셉트는 무엇인가?

우리 펍만의 자가 맥주와 국내 소규모 양조장에서 만든 좋은 맥주를 주로 팔려고 한다. 생맥주 라인업 7개 가운데 2개는 직접 맥주 레시피를 개발하여 위탁 생산한 것이고, 4개가 플래티넘, 바이젠 하우스, 카브루 등 국내 소규모 양조장의 맥주이다.

직접 레시피를 개발한 '밍글'과 '아이 홉 소(I Hop So)'를 소개한다면?

독학으로 맥주 양조를 배웠다. 직접 맥주를 만들기 시작한 것은 그렇게 오래 되지는 않았다. 무엇보다 수입 맥주 위주에 외국인이 많은 이태원을 벗어나 연남동처럼 한국적인 공간에서 한국 사람이 만든 크래프트 맥주를 선보이고 싶었다. 밍글Mingle은 한국인의 입맛에 맞춰 밀 맥주와 미국식의 페일 에일을 섞어 만든 맥주이다. 그래서 네이밍도 '섞다'라는 뜻의 밍글로 했다. 두번째 '아이 홉 소'는 인디언 페일 라거Indian Pale Lager이다.

크래프트 원만의 특징이나 좋은 점은 무엇인가?

맥주를 잘 관리하기 위해 3가지 냉장 시스템을 갖추고 있다. 먼저 맥주 케그가 들어오면 생맥주 전용 냉장고에 넣어 하루 정도 숙성시킨 다음, 바 테이블 밑에 있는 2가지의 맥주 냉장고에 나누어 보관한다. 하나는 라거 전용 냉장고로 4~5도에 맞추고, 다른 하나는 에일 전용 냉장고로 6~8도에 맞추었다.

1 크래프트 원의 자체 레시피로 만든 밍글과 아이 홉 소. 2 소시지를 비롯하여 맥주와 잘 어울리는 안주를 내놓는다.

펍을 찾아오는 손님의 연령층이나 특징이 있는가?

20~30대가 많고 단골손님과 동네 사람들이 많이 찾아온다. 혼자 맥주를 마시러 오는 사람도 많은 편이고, 외국인 손님도 점점 늘고 있다. 남녀의 비율은 비슷하다.

펍을 운영하면서 가장 좋은 점은 무엇인가?

이태원이 아닌 지역에서 크래프트 맥주를 알리는 보람이 있다. 처음에는 주택가의 골목에서 크래프트 맥주를 파는 펍이 자리잡기 힘들겠다는 생각도 했다. 시간이 갈수록 동네 주민처럼 이 동네에 자연스레 흡수되어 가고 있다. 점차 자신이 생기고 있다.

어떤 펍으로 만들어 가고 싶은가?

국내 소규모 양조장에서 생산하는 다양한 맥주를 맛볼 수 있는 펍으로 만들고 싶다. 지역에 녹아 들어가 뿌리를 내리는 펍이 되어 10년, 아니 몇 십 년 후에도 늘 같은 곳에서 편하게 맥주를 마실 수 있는 동네 명물 펍으로 만드는 게 꿈이다.

Menu Information

▸ **생맥주** 밍글 5,500원 **아이홉소** 6,000원 **풀러스 ESB** 9,000원 **런던포터** 9,000원 **스컬핀 IPA** 12,000원

▸ **병맥주** 펑크 IPA 11,000원 **올드 라스푸틴** 13,000원 **세인트 버나두스 Abt** 12 13,000원

▸ **대표메뉴** 버거원 12,000원 **프렌치 프라이즈** 8,000원 **밍글샐러드** 12,000원 **맥주를 위한 삼위일체** 15,000원(소시지, 치즈오믈렛, 감자요리)

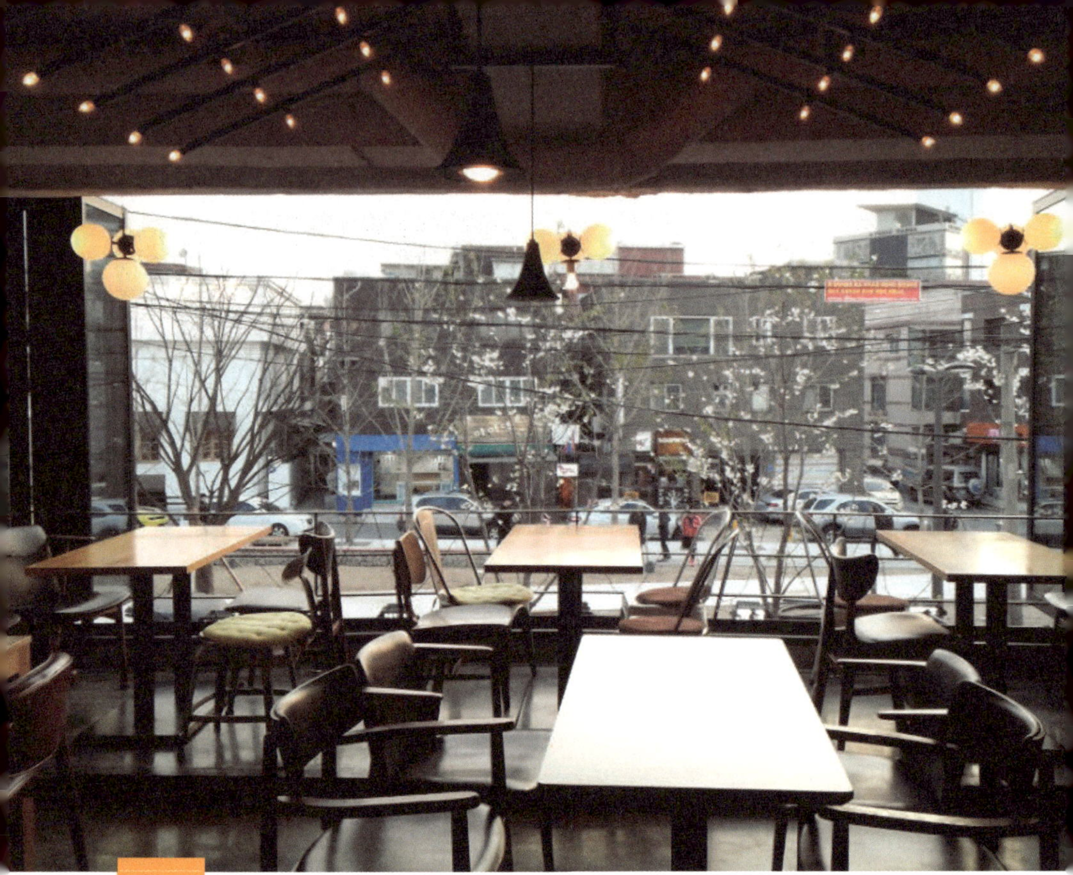

테라스 전망이 멋진, 연남동 가스트로 펍

코지엠
COSY M

Information

▸ 주소 서울시 마포구 동교동 148–10번지. 2층
▸ 찾아가기 홍대입구역 3번출구 100m
▸ TEL 070 – 7539 – 5287
▸ 영업시간 월~목 11:30~01:00, 금~토 11:30~03:00 일 16:00~24:00
▸ 휴무일 매주 월요일　▸ 1인 평균 예산 20,000원

★

공항철도 홍대역 3번 출구에서 도보 3분 거리로 최근 작은 카페와 술집이 하나 둘씩 생겨나고 있는 연남동 공원길에 위치. 2013년 7월 오픈.

공항철도 홍대역에서 연남동 공원길로 접어들면 대로변의 소음에서 벗어나게 된다. 경의선 철길이 지하화되면서 기존의 지상철길이 공원으로 조성된 있는 연남동 길 양쪽으로 작은 가게가 늘어서 있고, 그길 중간쯤에 COSY M이라는 간판이 보인다. 건물 2층으로 올라가면 오픈 키친과 질서정연하게 놓인 테이블이 먼저 눈에 들어온다. 코지엠이 돋보이는 점은 공원길을 향해 난 전면의 테라스다. 경의선이 지하화되면서 지상의 폐철로변이 공원으로 조성되었는데, 코지엠은 공원에 면한 2층이라 폴딩도어를 모두 열면 탁 트인 개방감과 함께 테라스에서 맥주를 마시는 느낌이다. 봄이면 소소한 벚꽃잎이 날리는 공원 풍경이 눈에 들어 오고, 여름 밤의 맥주와도 잘 어울리는 공간이다. 전면의 트인 공간에서 안쪽으로 이어진 공간이 나오는데, 혼자 또는 두세 명이 앉거나, 때로는 그룹으로 맥주를 즐길 수 있도록 독립되어 있다. 조용히 책을 읽거나 음악을 듣기에도 좋다. 젊은 취향에 따라 전체적으로 심플한 장식과 차분한 분위기이며, 펍의 이름대로 편안하다.

전면에는 다른 펍과 달리, 넓은 오픈 키친이 보인다. 이곳에서 오너 셰프인 김미정 씨가 모든 음식을 직접 요리하고 있다. 오너 셰프의 정성이 담긴 음식과 맥주를 즐길 수 있다는 것이 코지엠의 또 다른 장점이다. 직접 주방을 맡고 있는 김미정 대표는 라퀴진에서 1년간 요리를 배웠다. 그리고 레시피를 하나 하나 만들어가며 펍에 맞는 메뉴를 개발해 내놓고있다. 그녀는 펍을 준비하면서 다양한 요리를 맛보기 위해 새로 문을 연 레스토랑이나 펍은 모두 찾아 다닐 정도로 준비도 철저히 하였다고 한다.

리코타 샐러드에 들어가는 치즈를 직접 만들고, 수제 핫도그와 소고기가 들어간 고추 튀김 등 손이 많이 가지만 맥주와 아주 잘 어울리는 메뉴를 주방에서 직접 만들고 있다. BBQ 치킨 플래터는 스팀 오븐을 사용하여 만들기 때문에 닭고기의 육즙이 그대로 살아 있다. 재료 준비부터 요리까지 담당하니 힘이 들지만 요리와 맥주를 워낙 좋아하기 때문에 코지엠만의 정성이 담긴 음식을 내놓을 수 있다고. 점심시간에 문을 열기 때문에 가벼운 식사와 함께 하기에도 좋다.

생맥주로는 국내의 소규모 양조장인 플래티넘에서 만드는 맥주와 독일 밀 맥주 파울라너Paulaner, 미국의 IPAIndian Pale Ale 맥주인 인디카Indica IPA 등이 있으며, 병맥주로는 미국의 크래프트 맥주회사인 브루클린 라거Brooklyn Lager, 발라스트 포인트Ballast Point, 코나Kona와 일본의 크래프트 맥주 코에도COEDO등이 있다. 펍의 테이블 수는 10개, 40명 정도 수용 가능하다.

1 경의선 철길 공원과 면해 있어 탁트인 전망이 멋
지다. 2 오픈 주방 뒤쪽으로 독립된 공간이 나온
다. 카페처럼 혼자서, 때로는 여럿이서 모임을 하
기에도 좋다. 3 정면의 넓은 오픈 키친과 맥주 냉
장고가 보인다.

김미정 대표

펍을 하게 된 계기는?

나만의 펍을 갖는 것이 오랜 꿈이었다. 해외여행을 하면서 편안하고 자유로운 분위기의 펍을 많이 다녔다. 이런 공간을 만들어 누구나 편하게, 어느 때고 들러 맥주 한잔 마실 수 있다면 좋겠다 싶었 다. 그리고 맛있는 음식이 있다면 더 좋겠구나 생각하여 요리를 배우고 다양한 맥주를 맛보면서 나 만의 펍을 꿈꾸게 되었다.

펍의 콘셉트는 무엇인가? 상호인 COSY M은 관계가 있는가?

누구나 편안하게 맥주를 즐길 수 있는 공간을 만들고 싶다. 'M'은 부부끼리 부르는 애칭의 이니셜이 다. 9년 간 연애하고 2013년에 결혼했는데, 데이트할 때 맥주 펍을 부지런히 다녔다. 둘 다 맥주를 무 척이나 좋아해서 맥주는 '일상'이나 다름없다. 남편이 매일 퇴근 후 펍의 일을 도와주고 있다.

코지엠만의 특징이나 좋은 점은 무엇인가?

다양한 크래프트 맥주와 오픈 키친에서 직접 만들어내는 음식을 맛볼 수 있는 것이 특징이다. 대학 시절부터 요리에 관심이 많아서 요리과정을 밟았다. 워낙 맥주를 좋아해서 맥주와 잘 어울리는 음식 을 만들기 위해 직접 레시피를 개발하고, 계속 보완하면서 늘려가고 있는 중이다. 재료 준비부터 직 접 하다보니 힘이 들지만, 수고를 알아주는 분들이 늘고 있다. 수제 리코타 치즈와 구운 치킨, 수제 핫도그, 소고기 고추 튀김, 미니 소시지 등 맥주와 잘 어울리는, 코지 엠의 정성이 담긴 다양한 음식 을 맛볼 수 있다.

좋아하거나 추천하고 싶은 맥주가 있는가?

전반적으로 풍미 좋은 에일 맥주를 좋아한다. 계절에 따라 즐겨 마시는 맥주는 조금 다른데, 여름에 는 코나Kona의 빅 웨이브Big Wave, 겨울에는 도수가 조금 높은 벨기에의 스트롱 에일 맥주인 두블Duvel을 즐겨 마신다. 남편은 홉의 쓴 맛이 강한 IPA 계열의 맥주를 즐긴다.

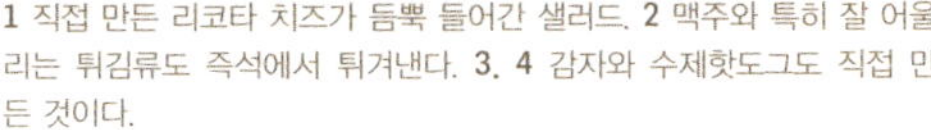

1 직접 만든 리코타 치즈가 듬뿍 들어간 샐러드. 2 맥주와 특히 잘 어울리는 튀김류도 즉석에서 튀겨낸다. 3. 4 감자와 수제핫도그도 직접 만든 것이다.

펍을 찾아오는 손님의 연령층이나 특징이 있는가?

연남동에는 예술에 종사하는 사람들과 20대 후반에서 30대 초반의 직장인이 많이 산다. 이들이 많이 온다. 남녀 비율은 4:6 정도이다. 주말에도 사람들이 많이 찾는다.

어떤 펍으로 만들어 가고 싶은가?

이름대로 앞으로도 편안한 분위기에서 다양한 맥주와 음식을 즐길 수 있는 펍으로 만들어가고 싶다. 맥주의 리스트를 늘려가고 싶은데, 아직은 크래프트 맥주에 대한 가격 저항감이 있기 때문에 더욱 다양한 맥주를 소개하지 못하는 점이 아쉽다. 독특한 맥주와 함께 좋은 음식이 있는 펍이었으면 좋겠다.

Menu Information

▶ **생맥주 파울라너 300㎖** 7,000원 **500㎖** 10,000원 **인디카, 텐저린 위트** 8,000원 **플래티넘 4종** 5,500 ~ 6,000원 **하이네켄** 7,000원 **OB** 3,000원

▶ **병맥주 코나**(빅 웨이브, 롱보드, 파이어 락) 9,000~11,000원 **코에도**(카라, 시로, 시코쿠, 베니아카, 루리) 9,000원 **브루클린**(라거, 브라운 에일, IPA) 10,000원

▶ **대표 메뉴 바비큐치킨 플래터** 18,000원 **수제 리코타 치즈 샐러드** 15,000원 **불고기 케사디아** 14,000원 **소시지 핫도그** 10,000원

맥주의 양대 산맥
라거와 에일

'**라거**'는 19세기 중반부터 만들어지기 시작한 맥주이다. 맥주 발효통의 아래에 가라앉는 '하면(下面)발효 효모'로 만들기 때문에 '하면발효 맥주'라고도 한다. '라거(Lager)'는 독일어로 '저장'이라는 말에서 유래한다. 라거 계열의 맥주는 에일보다 맛이 가볍고, 과일향과 같은 다양한 풍미가 없는 대신 깔끔하고 시원한 청량감이 특징이다.

라거에 속하는 맥주 스타일에는 필스너(Pilsner), 둥켈(Dunkel) 등이 있다. 오늘날 전 세계에서 만들어지고 소비되는 많은 맥주들은 라거에 속한다. 특히 라거 가운데 필스너 맥주(또는 필스너 계열의 맥주)가 전 세계 맥주의 90%를 차지한다. 우리들이 평소 즐겨 마시는 대형회사의 맥주들은 거의 필스너 계열의 맥주로 보면 된다. 라거 맥주는 보통 3~4도의 온도에서 마신다.

'**에일**'은 맥주를 발효시킬 때 위로 떠오르는 효모, 즉 '상면(上面)발효 효모'로 만들기 때문에 '상면발효 맥주'라고도 한다. 에일은 주로 영국, 아일랜드, 벨기에에서 발달하였다. 에일에 속하는 맥주 스타일로는 페일 에일(Pale Ale), 인디언 페일 에일(Indian Pale Ale, 보통 IPA라고 불림), 브라운 에일(Brown Ale), 스타우트(Stout), 포터(Porter), 바이젠(Weizen), 트라피스트 비어(Trappist Beer) 등을 꼽을 수 있다.

에일 맥주는 과일과 같은 다양한 풍미와 깊은 맛을 지닌 것이 특징이다. 에일 맥주는 라거 맥주보다 조금 높은 온도에서 마시는 것이 좋다.

맥주의 맛과 색을 좌우하는
보리, 홉, 효모, 물

보리 | malt 

맥주는 보리, 홉, 효모, 물로 만든다. 보리는 '싹튼 보리', 즉 '맥아(麥芽)'를 사용하며, 영어로는 '몰트(malt)'라고 한다. 생(生)보리 대신 맥아를 사용하는 이유는 보리로부터 쉽게 전분을 추출하기 위해서다. 맥아는 맥주에서 나는 특유의 달콤한 맛을 줄뿐 아니라 맥주의 색깔을 결정한다. 보리를 맥아로 만드는 과정에서 맥아를 높은 온도에서 장시간 건조시키면 색깔이 진해지고, 보리를 저온에서 말리면 맥아의 색깔이 옅어진다.

몰트의 다양한 색

홉 Hop 

줄기식물의 일종으로, 쓴맛과 독특한 향을 가지고 있다. 맥주는 홉이 들어가는 유일한 알코올 음료이다. 홉의 쓴맛은 맥아의 달콤함을 상쇄시켜 맥주 맛의 균형을 잡아준다. 또한 방부 효과가 있어 맥주를 보존하는데도 도움을 준다. 홉은 재배되는 지역에 따라 쓴맛과 향에 커다란 차이가 난다. 당연히 어떤 홉을 선택하느냐에 따라 맥주의 개성이 달라진다. 홉은 몰트처럼 한 가지 종류를 사용하기도 하지만 여러 홉을 섞어 사용하기도 한다. 맥주는 홉의 맛과 향이 강한 것에서부터 거의 홉의 향과 맛이 느껴지지 않는 것까지 함유량이 매우 다양하다. 일반적으로 강한 홉의 맛과 향을 느끼려면 인디언 페일 에일(일명 IPA)을 마셔보면 된다.

효모 Yeast

맥주의 발효를 돕는 역할을 한다. 발효란 한 마디로 효모의 번식작용이다. 맥주에 사용되는 효모의 종류는 크게 '상면발효 효모(에일 이스트)'와 '하면발효 효모(라거 이스트)'로 나뉜다. 효모는 보리의 전분에서 만들어진 당(糖)을 먹고 알코올과 탄산가스 및 여러가지 부산물을 만들어낸다. 알코올은 기분 좋은 취기를, 탄산가스는 상쾌한 청량감을, 그리고 부산물들은 맥주에 다양한 향과 맛을 더해준다.

물 Water

맥주의 95%를 차지한다. 물이 좋아야 맛있는 맥주가 나온다. 맥주를 만들기 좋은 물이란 깨끗하고 미네랄(특히 칼슘과 마그네슘)이 적절히 균형을 이룬 물을 말한다. 맥주의 맛은 물의 종류에 따라 달라지기도 한다. 연수(軟水)를 사용하면 맥주의 색이 엷고 깔끔한 맛이 나오며, 경수(硬水)를 사용하면 맥주의 색이 진해지고 깊은 맛이 나온다.

몰트와 물의 종류에 따라 달라지는 맥주의 색

맥주의 대표 스타일

1. 에일 ALE(상면발효맥주)

페일 에일 Pale Ale

영국 남부의 잉글랜드 주 버튼 온 트렌트(Burton on Trent)에서 시작된 에일 맥주다. '페일(pale)'이란 '엷은 색'을 뜻한다. 페일 에일은 엷은 색의 골든 에일이나 필스너와 비교할 때 오히려 약간 진한 색이지만, 페일 에일이 만들어질 당시 영국에서 유행하던 포터(Porter) 맥주보다 훨씬 엷은 색을 띠었기 때문에 '페일 에일'이라고 불렀다. 영국 펍에서는 보통 페일 에일을 '비터(Bitter)'라고 부른다.

인디언 페일 에일 Indian Pale Ale

인디언 페일 에일은 페일 에일에서 진화된 맥주이다. 맥주의 이름에 '인도'가 들어간 것은 인도가 영국령일 때 만들어진 맥주이기 때문이다. 이후 인디언 페일 에일은 홉의 쓴맛이 강한 페일 에일을 지칭하는 말이 되었다. 하지만 오늘날 영국의 인디언 페일 에일은 쓴맛이 강하지 않다. 홉의 쓴맛이 강한 옛 인디언 페일 에일의 맛을 보려면 미국의 크래프트 맥주회사에서 만드는 인디언 페일 에일을 찾으면 된다. 인디언 페일 에일은 보통 '아이피에이(IPA)'로 줄여서 말한다.

브라운 에일 Brown Ale

과거 영국의 버트 온 트렌트에서 생산되는 쓴맛의 페일 에일에 맞서기 위해 잉글랜드의 북부, 뉴캐슬(New Castle)에서 만들어진 맥주다. 따라서 브라운 에일은 홉의 쓴 맛을 억제한 영국의 에일 맥주이다. 한때 영국 전역에서 생산된 브라운 에일의 맥주색은 이름 그대로 갈색이었지만 맥주가 점점 엷어지는 추세에 따라 진한 갈색의 에일은 거의 사라졌다. 캐러멜과 초콜릿 맛이 느껴지는 것이 특징이다.

7. 바이젠^{Weizen}, 바이스비어^{Weissbier}

독일의 밀맥주를 '바이젠', 또는 '바이스비어'라 한다. '바이젠'은 독일어로 '밀'을 뜻하지만, 일반적으로 '바이젠'은 밀 맥주를 말한다. '바이스비어(Weissbier)'라고도 하는데, 바이스는 독일어로 '흰색'을 뜻한다. 특히 효모가 살아 있는 바이젠을 헤페 바이젠(Hefe Weizen, 독일어로 '헤페'는 효모를 뜻함)이라고 부른다. 바이젠은 미세한 거품과 탁한 색깔, 그리고 바나나, 정향나무(클로브)와 같은 과일 향과 향신료 향이 두드러지고 탄산기가 풍부하다. 홉의 쓴맛은 별로 느껴지지 않는 것도 바이젠의 특징 가운데 하나다. 바이젠은 여름날의 갈증해소용으로 인기있다.

한편 벨기에서도 밀맥주를 '화이트 비어(White Beer)'라고 부른다. 독일의 밀맥주와 달리 코리앤더(coriander, 고수 씨를 이용한 향신료. 레몬 향과 감귤류의 옅은 단맛이 난다) 씨와 말린 큐라소(curacao) 오렌지 껍질이 들어간다.

포터^{Porter}와 스타우트^{Stout}

영국에서 만들어진 포터와 스타우트의 역사는 서로 맞 물려 있어 이 둘은 형제와 같은 맥주라고 볼 수 있다. 모두 볶은 몰트나 보리를 사용하기 때문에 진한 초콜릿색을 지니며, 초콜릿이나 커피의 풍미를 가진 것이 특징이다. 스타우트에는 드라이 스타우트, 밀크 스타우트, 오트밀 스타우트, 초콜릿 스타우드, 오이스터 스타우트 등 다양한 종류가 있다

애비 비어^{Abbey Beer}와
트라피스트 비어^{Trappist Beer}

벨기에에는 수도원과 관련된 맥주로서 애비 비어(Abbey Beer)와 트라피스트 맥주(Trappist Beer) 두 종류가 있다. 이 가운데 수도원에서 직접 만드는 맥주는 트라피스트 맥주 뿐이다. 애비 맥주는 일반 맥주회사가 수도원으로부터 라이센스를 얻어 만드는 맥주로, 애비맥주는 '수도원 계(係) 맥주'라 할 수 있다.

모두 상면발효로 만들어지며 몰트의 향과 과일 향이 강하고 알코올 도수가 높다. 또한 많은 맥주들이 얼음사탕을 사용하여 럼과 같은 풍미가 난다. 색깔은 대체로 진하고 풀 바디의 맥주이며, 모두 병내 2, 3차 발효를 거친다. 보통 트라피스트 비어는 알코올 도수에 따라 '더블(Double 또는 두벨(Dubbel)'이나 '트리플(Triple 또는 트리펠(Trippel)'로 나뉜다. 더블의 알코올 도수는 6~6.5%, 트리플은 9% 정도로 매우 높다. 트라피스트 맥주는 포도주 잔과 같이 목이 길고 둥근 모양의 전용 잔에 따라 마신다.

2. 라거 LARGER(하면발효맥주)

필즈너^{Pilzner}, 필스너^{Pilsner}

라거 맥주를 대표하는 맥주로 1842년 체코의 필젠 지역에서 만들기 시작한 맥주다. 필젠에서 탄생한 맥주이기 때문에 '필즈너'라고 부른다. 1840년대까지 체코의 보헤미아 맥주는 상면발효 맥주로 흐린 고동색이었다. 이때 필젠에서 하면발효 이스트를 사용하여 밝고 투명한 황금색, 홉의 향과 쓴맛, 잡미가 없는 깔끔한 필즈너를 만들었다.

오늘날 필즈너나 필즈너 계열의 맥주는 전 세계 생산되는 맥주의 90%를 차지한다. 세계 대형맥주회사에서 만드는 맥주는 거의 필즈너 계열의 맥주이다. 필즈너 맥주는 3~4도의 온도에서 차게 마시는 것이 가장 좋다.

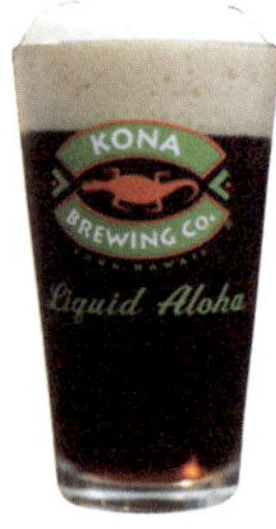 

둥켈^{Dunkel}, 둥클레스^{Dunkles}, 슈바르츠^{Schwartz}

독일 뮌헨 지역에서 유래한 맥주이다. '둥켈'은 독일어로 '진하다', '어둡다'는 뜻이고 '슈바르츠'는 '검다'는 뜻이다. 그러니까 둥켈, 또는 둥클레스, 그리고 슈바르츠는 진한 색의 맥주를 말한다. 둥켈(슈바르츠)은 기본적으로 라거 맥주이지만, 검게 태운 몰트를 사용하여 콜라처럼 검은빛을 지닌다. 하면발효이기 때문에 과일 향은 없지만 흑색 계통 맥주 가운데 가장 샤프하고 깔끔한 맛을 가지고 있다. 색이 검은데 비해 알코올 도수는 그리 높지 않다.

3. 람빅 LAMBIC(천연발효맥주)

람빅 Lambic

원래 맥주는 자연에 부유하는 야생효모에 의해 만들어졌다. 이후 양조 경험과 기술이 발달하면서 상면발효 효모와 하면발효 효모가 차례로 발견되었다. 자연야생 효모로 만들어지는 '자연발효 맥주'는 맥주의 원형에 가장 가까운 맥주이다. 현재 자연발효를 통해 만들어진 맥주는 벨기에의 '람빅(Lambic)'뿐이다. 브뤼셀의 근교 제느(Zenne)강 주변에서만 만들어지는데, 이곳에서는 덮개가 없는 통에 맥아즙을 넣고 공중에 부유하는 야생효모를 자연적으로 끌어들여 맥주를 발효시킨다. 가장 전통적인 양조법으로 만드는 람빅이 높게 평가받는 이유는, 특유의 시큼하면서 와인과 같은 풍미를 지닌 복합적인 맛 때문이다. 람빅은 일반적으로 알고 있는 맥주의 맛과는 아주 다르다. 람빅을 맛보면 지금껏 맥주에 대해 가지고 있는 개념이 달라질 정도이다.

람빅에도 여러 종류가 있다. 가장 일반적인 람빅은 미숙성 람빅과 숙성된 람빅을 섞어 만든 '괴즈(Gueuze)'이며, 괴즈보다 마시기 쉬운 람빅으로는 '크릭(Kriek)'과 '프람브와즈(Framboise)'를 들 수 있다. 크릭맥주는 람빅과 체리, 프람브와즈 맥주는 람빅과 라즈베리를 함께 넣고 발효시켜 만든다.

궁동공원
가좌역
사천교삼거리
연남동 주민센터
경성 고등학교
성산
크래프트 원 10
동진시장
연희 아파
홍익사대부속 여자고등학교
연남파출소
11 코지엠
동교동삼거리
3
4
경의선 홍대입구역
5
2호선 홍대입구역
2
8
공항철도 홍대입구역
1
1
9
누바 02
06 온탭
서교동 주민센터
소소한 술집 03
서교 초등학교
서교호텔
05 루블랑
홍 대 거 리
서교동성당
성산초교 앞 교차로
성산 초교
2호선
서교동사거리
보보호텔
KT&G 상상마당
홍익대학교 서울캠퍼스
와우공원
스타벅스
호훔 08
09 케그비
양화대교북단 교차로
합정역
퀸스헤드 01
극동방송
6호선
비어 바자르 04
07 상수동 라자냐
1 상수역 2

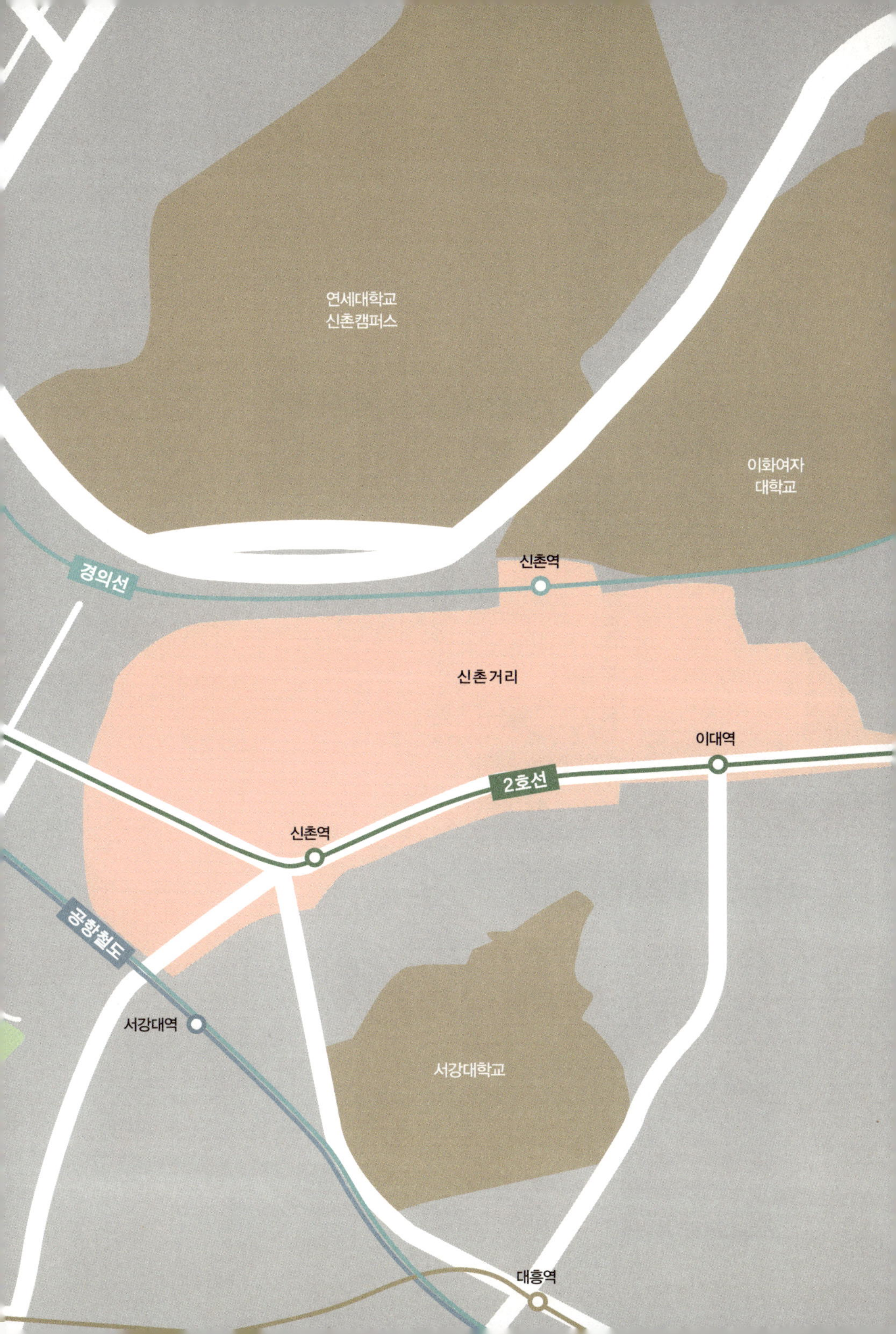

연세대학교
신촌캠퍼스
이화여자
대학교
경의선
신촌역
신촌거리
이대역
2호선
신촌역
공항철도
서강대역
서강대학교
대흥역

BLUE STAR
Carlsberg
DE KONINCK
EIGENZINNIG LEKKER
NO ARTIFICIAL ADDITIVES
NO PRESERVATIVES
For the Love of Beer
ORVAL
BIÈRE TRAPPISTE
TRAPPISTENBIER
Lindemans
KINSHACHI BEER
NAGOYA JAPAN
YEBISU Tasting Salon
FULLER'S
LONDON
PRIDE
STOUT
NEST BEER
GREAT WHITE BEER
CLASSIC
EXTRA HIGH
XH
YEBISU Tasting Salon
RED RICE
KIUCHI NEST
ENJOY!
GOOD BEER
Goodbeer
fAUCETS
SHIBUYA TOKYO
DELIRIUM
nocturnum
TRADITIONAL CIDERS WITH TASTE

PART
2

이태원

사계
로즈 앤 크라운
라일리스 탭 하우스
파이루스
E92
베이비 오코넬 스트리트

12

사계절에 맞는, 순 우리말 이름
크래프트 맥주가 있는 펍

사계
THE FOUR SEASONS

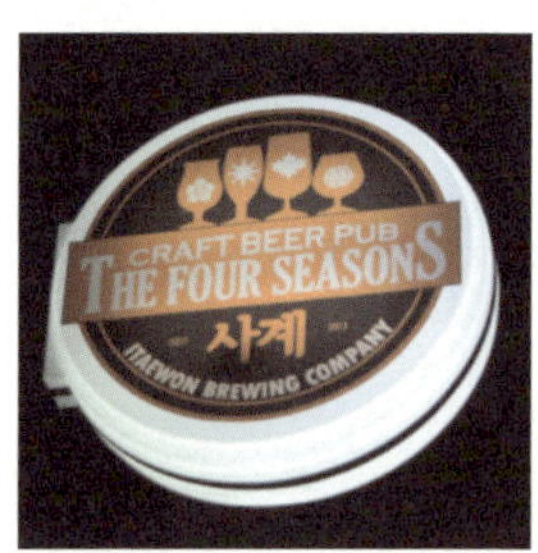

Information

▸ 주소 서울시 용산구 이태원동 130 – 4. 지하 1층
▸ 찾아가기 6호선 이태원역 4번 출구에서 기업은행 골목
▸ TEL 070 – 8882 – 8102
▸ 페이스북 www.facebook.com/craftpub4seasons
▸ 영업시간 월~목 18:00~01:00, 금 18:00~02:00,
　　　　　 토 14:00~02:00, 일 14:00~24:00
▸ 휴무일 연중무휴　▸ 1인 평균 예산 15,000원

★

6호선 이태원역 4번 출구에서 도
보 1분 거리로 펍과 술집이 즐비한
이태원 골목길에 위치. 2013년 11
월 오픈.

이태원역에서 골목으로 살짝 벗어난 길에 '사계'가 있다. 건물 지하로 내려가면 생맥주 탭이 걸려 있는 자그마한 바가 보이고, 손님들이 바에 앉아 주인과 이야기를 나누는 모습이 눈에 들어온다.

지하에 있지만, 언덕이 많은 이태원이라 막상 펍으로 들어가면 지상이다. 안쪽 공간에는 테이블이 가지런히 놓여 있어 차분한 느낌이지만 사람들로 가득 차면 떠들썩하고 활기찬 분위기로 변한다. 사계는 만 명이 넘는 회원이 활동하는 맥주 동호회 비어포럼Beer Forum의 공동 설립자 다섯 명이 함께 만든 펍이다. 속칭 '맥덕(맥주 마니아)'으로 불리는, 홈 브루어들이 모여 만든 모임이 비어포럼이기에 사계의 다섯 멤버는 늘 자신만의 맥주 만들기를 꿈꾸었다고 한다.

그 꿈을 이태원에서 실현한 것이 바로 '사계' 펍이다. 공동 대표 중 김만제 씨는 블로그 '살찐돼지의 맥주광장'을 통해 깊이 있는 맥주이야기를 나누고 있기도 하다. '사계'는 봄, 여름, 가을, 겨울, 계절마다 어울리는 맥주를 만들어 손님들과 함께 즐기는, 사계절 펍을 지향하고 있다. 맥주는 흔히 여름에 마시는 술이라고 생각한다. 그러나 유럽의 경우 봄맥주, 겨울 맥주처럼 계절에 따라 재료와 만드는 방식을 달리해 가며 계절 맥주를 즐긴다. '사계'의 계절 맥주를 보면 우리 맥주문화의 지평이 점차 넓어지고 있

음을 확인할 수 있다.

현재 사계에서는 다섯 사람이 순번을 정해 맥주를 만들고 함께 테스팅하면서 최종 맥주 레시피를 결정하고, 정해진 레시피로 마이크로 브루어리에 양조를 위탁하여 생산한 생맥주를 펍에서 내놓고 있다. 각자 선호하는 맥주가 다르기 때문에 맥주 레시피 개발 과정도 흥미롭고, 새로운 맥주가 개발될 때마다 어떤 맛일까, 궁금증을 자아낸다고 한다.

사계의 기본 맥주는 호밀을 넣어 알싸한 맛과 홉의 풍미, 달콤한 캐러멜 맛이 조화로운 아메리칸 앰버 American Amber 맥주인 '노을'이다. 그리고 계절 맥주로 세송 Saison 스타일의 '개나리'(4.6%)와 다크 비어 스타일의 '흑장미'(6.3%), 코코넛이 들어간 스타우트 맥주인 '미리내'(5%)가 있다. 맥주의 이름이 모두 순수 우리말인 것도 사계의 특징이다. 외국인으로 가득한 이태원에서 한국적인

1 펍의 실내를 감싼 붉은색 등받이 소파가 눈길을 끈다. 1~2인 위주로 테이블이 나란히 놓여있다. 2 20개의 생맥주 탭이 바의 뒤쪽에 깔끔하게 정리되어 있다. 3 라벨 디자인이 독특한 크래프트 맥주 병으로 장식한 선반.

색채를 드러내고자 '개나리', '흑장미', '미리내'처럼 순 우리말 이름으로 정하고 있다고 한다. 8가지 종류의 홉을 섞어 만들어 은은한 감귤 향이 특징인 '팔푼이' 세숀Session IPA(4.5%)도 독특한 맛이다. '세숀'은 맥주의 개성과 특징을 살리면서도 도수를 조금 낮추어 편하게 마실 수 있도록 만든 맥주를 지칭하는 말인데, 보통 세숀 IPA는 홉의 풍미를 살리면서 일반 IPA보다 도수를 낮추어 사람들이 여러 잔을 마실 수 있도록 양조하는 것이 특징이다.

생맥주는 5개의 오리지널 중 계절에 따라 2~3개의 탭을 걸고, 게스트 탭의 리스트는 그때 그때 바꾸기 때문에 펍을 찾을 때마다 맥주를 선택하여 마시는 즐거움이 있다.

병맥주는 도수가 매우 높은 발리 와인Barley Wine 계열의 맥주인 올드 스톡 에일Old Stock Ale, 벨기에의 다크 스트롱 에일Dark Strong Ale인 스트라페 헨드릭 콰드루펠Straffe Hendrik Quadrupel 등 벨기에 맥주와 요즈음 국내에 새롭게 수입된 덴마크의 크래프트 맥주회사인 미켈러Mikkeller, 투올Tool의 맥주를 비롯하여 러시아, 체코 등지의 독특한 크래프트 맥주를 갖추어 놓고 있다.

향이 있는 IPA와 잘 어울리는 뉘렌베르거 소시지와 네모 피자, 수제 쿠키와 카나페 등 안주 메뉴도 사계의 맥주와 어울리는 것들이다. 사계는 앞으로도 계속 새로운 맥주 레시피를 개발하고, 맥주시음 과정이나 양조과정과 같은 교육 프로그램도 진행할 계획이라고 한다. 펍의 테이블 수는 14개, 30명 정도 수용 가능하다.

총평 캐주얼하고 깔끔한 분위기에서 다년 간 홈 브루잉의 경험이 있는 5인 공동 대표가 만드는 자가 맥주를 맛볼 수 있다. 맥주 지식이 풍부한 오너와 맥주에 대해 전문적인 이야기를 나눌 수 있다.

 김만제 공동 대표

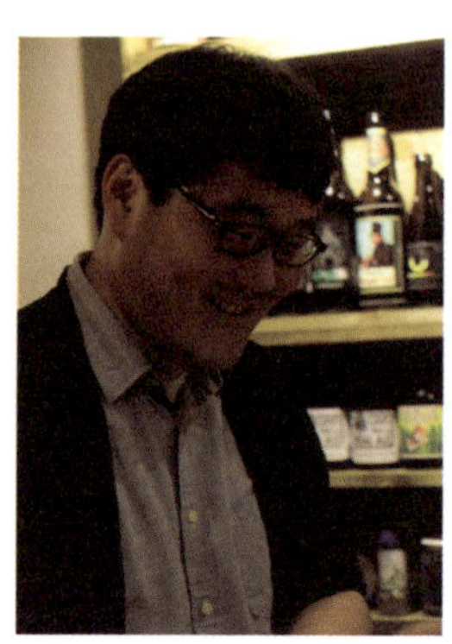

펍을 시작하게 된 계기는?

홈 브루잉을 하는 다섯 명이서 비어 포럼 운영을 하고 있는데, 온라인 활동도 재미있지만 맥주에 대한 생각을 구현하는데 한계를 느꼈다. 직접 펍을 운영하면서 국내에서 시도하지 않은 맥주를 만들어 손님들에게 소개하고 싶어 펍을 시작하게 되었다. 다섯 명이 번갈아 펍에 나오지만 김만제 대표(블로그 명 '살찐 돼지')가 전업 오너이다.

펍의 콘셉트는 무엇인가? 상호인 사계와 관계가 있는가?

계절별로 새로운 맥주를 만들어 손님에게 소개하는 것이 '사계'의 콘셉트이다. 펍 이름인 '사계'는 계절 맥주를 만들어 판매한다는 의미도 있고, 사계절 동안 맥주를 마실 수 있는 펍이라는 뜻도 있다. 순수 우리말로 맥주의 이름을 짓는 원칙도 고수하고 있다. 우리 레시피로 만든 맥주가 양조장에서 오면 다섯 명이 모여 맥주를 맛보며 그 느낌을 다양한 이름으로 표현해 본다. 여러 이름 중에서 하나를 정하고 있다.

'사계'의 특징이나 좋은 점은 무엇인가?

수 년 동안 홈 브루잉을 해온 다섯 명의 공동 오너가 만드는 다양한 맥주를 맛볼 수 있다는 점이다. 그리고 맥주와 궁합이 맞는 안주를 제공하려고 노력한다. 예를 들어, 흑장미와 미리내 맥주는 수제 초코칩 쿠키과 코코넛 쿠키가 잘 어울린다.

펍을 운영하면서 가장 좋은 점은 무엇인가?

맥주 기획자로서 직접 맥주를 만들어 손님들에게 선보이는 짜릿함과 기쁨이 있다. 그리고 "이 사람들이 맥주를 만들면 다르겠지"하는 기대가 있다. 그 기대를 충족시켰을 때 보람도 크다. 손님들이 우리 맥주가 맛있다고 격려해줄 때 가장 기분이 좋다.

펍을 찾아오는 손님의 연령층이나 특징이 있는가?

20대에서 40대 중반의 손님이 온다. 특히 젊은 층이 많은 편이다. 남녀의 비율은 반반이다. 처음에는

1, 3, 4 뉘른베르거 소시지, 수제 브라우니, 플람스 등 사계의 맥주와 잘 어울리는 대표 메뉴이다. 2 펍 자체의 레시피로 만든 맥주들.

맥주 마니아들이 많이 찾을 거라고 생각했는데, 펍을 하면서 생각보다 맥주에 관심 있는 사람들이 많다는 것을 새롭게 알게 되었다.

어떤 펍으로 만들어 가고 싶은가?

다양한 맥주를 만들어 소개하고 싶다. 단순히 맥주를 파는 술집이 아니라 크래프트 맥주문화를 만드는 기획자가 되고 싶다. 펍을 통해 소비자들에게 맥주에 대한 교육의 장을 제공하려고 한다. 현재 초급 맥주 테스팅 과정은 3기가 끝났고 중급, 고급 과정도 만들 예정이며, 홈 브루잉 과정도 준비하고 있다.

Menu Information

▶ **생맥주 노을 Red Rye** 6,000원 **참숯 Stout** 6,500원 **호빵 Hoppy Weizen** 5,500원, 기타 사계 계절 한정 스페셜 맥주 5,500~7,000원 **수입 크래프트 생맥주** 6,500~12,000원
▶ **병맥주 수입 크래프트 병맥주** 8,500~30,000원
▶ **대표메뉴 플람스** 9,000~17,000원 **뉘른베르거 소시지** 7,500원 **바이스 부어스트 소시지** 14,000원 **수제 브라우니 & 쿠키류** 3,000~5,000원 **할라피뇨 피자** 14,000원 **고르곤졸라 피자** 14,500원 **수제 샌드위치 2종** 8,000~8500원 **계절 한정 맥주 페어링용 안주** 6,000~10,000원

13

이태원 에일 맥주 전문 영국식 펍

로즈 앤 크라운
ROSE & CROWN

Information

▸ **주소** 서울시 용산구 이태원동 118-23번지. 2, 3층
▸ **찾아가기** 이태원역 1번 출구. 30미터 직진해서 첫째 신호등 지나 우측 골목
▸ **TEL** 02-794-9555 ▸ **페이스북** facebook.com/rosencrown11
▸ **영업시간** 월~목 15:00~02:00 금 15:00~03:00 토 13:00~03:00
　　　일 13:00~01:00
▸ **휴무일** 연중무휴 ▸ **1인 평균 예산** 15,000~20,000원

★

지하철 6호선 이태원역 1번 출구에서 도보 3분 거리로 이태원 해밀톤 호텔 뒤편의 펍과 음식점이 즐비한 골목길에 위치. 2012년 11월, 기존 펍을 인수하여 재 오픈.

이태원 해밀톤 호텔 뒤편 골목은 다국적 분위기의 음식점과 펍이 많아 이태원에서도 가장 유명한 곳이다. 그 가운데 분홍색으로 치장한 펍이 눈에 확 들어온다. 2, 3층에 위치한 로즈 앤 크라운 펍은 외관을 장식하는 빨간색과 분홍의 컬러가 유난히 두드러져 이태원에서도 이색적인 펍으로 알려져 있다. 여행객들이나 블로거들이 펍의 모습을 사진에 담는 모습도 종종 보인다.

붉은 벽돌로 장식한 1층 펍 현관에는 영국 국기와 영국 맥주인 런던 프라이드 깃발이 나란히 걸려 있어 영국식 펍임을 한눈에 알 수 있다. 2층 펍으로 올라가는 계단에는 독특한 일러스트의 다양한 맥주 포스터가 붙어 있고, 펍 안으로 들어가면 키 높은 묵직한 나무 테이블과 의자가 놓여 있어 전체적으로 클래식한 영국 펍 분위기가 물씬 풍긴다. 화사한 핑크색의 창가쪽 테이블에 앉으면 창문 밖으로 이태원 거리가 눈에 들어온다.

고병철 대표는 이태원에서 로즈 앤 크라운을 시작하기 전에 선릉에서 치킨 호

1 1층에서 2층 펍으로 올라가는 계단과 입구 문. 2 킬케니, 인디카, 밍글 등 맥주회사의 특징을 보여주는 화려한 생맥주탭들. 3 펍 내부는 액자와 조명, 컵과 컵걸이 등 작은 소품까지 신경써 영국풍 펍 분위기를 잘 살렸다. 4 커튼과 스탠드가 있는 창가 자리. 분홍빛 격자창과 어울려 소녀의 방 같은 분위기이다.

프집을 운영하였는데, 국내산 생맥주의 맛을 잘 관리하는 것으로 꽤 유명하였다. 그러다가 점차 펍 문화에 관심을 갖게 되면서 이태원에서 에일 맥주를 마시고 라거가 아닌 다른 맥주의 색다른 맛에 큰 충격을 받았다고 한다. 음식과 음악이 어우러지는, 정통 펍을 열고 싶어서 6개월 간 준비를 하던 중 당시 영국 펍이었던 로즈 앤 크라운이 운명처럼 다가왔다고. 3년 전 펍을 인수해 지금에 이르고 있다.

영국식 펍을 표방하고 있는 로즈 앤 크라운은 클래식한 인테리어는 물론이고 영국 에일 맥주를 다양하게 갖추고 있어 유럽식 펍 문화를 접하기에 좋은 곳이다. 로즈 앤 크라운에서는 런던 프라이드 London Pride, 런던 포터 London Porter, 허니 듀 Honey Dew, 기네스 스타우트 Guinness Stout, 킬케니 크림 에일 Kilkenny Cream Ale과 같은 영국과 아일랜드의 대표 에일 맥주를 맛볼 수 있다. 또한 우리나라 마이크로 브루어리인 플래티넘의 맥주와 홍대의 맥주 펍인 크래프트 원의 밍글 Mingle과 아이 홉 소 I Hop So 등 12종의 생맥주를 선택해 마실 수 있다는 점도 큰 장점이다. 그외 크래프트 병맥주도 다양하게 구비되어 있다.

작년에는 12년 간 이탈리아 요리를 해온 옛 친구가 셰프로 들어와 의기투합하여 메뉴를 바꾸면서 종류도 늘어나고 맛도 더욱 좋아졌다. 맥주 안주로는 영국의 대표 음식인 피시앤칩스를 비롯해 소시지와 으깬 감자, BBQ 폭립과 미트볼 파스타, 해산물 토마토 파스타 등이 있다. 그리고 전문 DJ가 주기적으로 음악 파일을 업그레이드 해주는 등 음악의 선곡에도 신경을 쓰고 있어 혼자서 안주없이 맥주 한 병만 놓고 가볍게, 기분 좋게 마시기에도 좋다. 테이블 수는 30개 정도, 바를 포함하여 90명 정도 수용 가능하다.

 **클래식한 영국 펍의 분위기에서 전문 DJ가 선곡한 음악을 들으면서 영국 맥주와 이탈리아 음식 전문 셰프의 음식을 즐길 수 있다.**

 고병철 대표

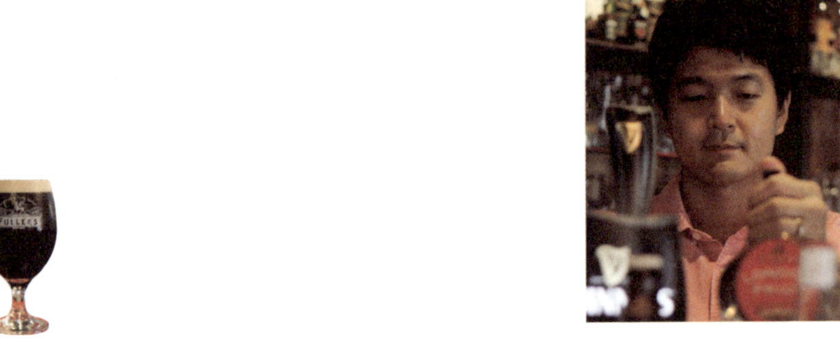

펍을 하게 된 계기는?

선릉에서 치킨집을 했는데 카스 생맥주로 유명했다. 나름대로 생맥주를 관리하는 원칙이 있었다. 하루에 한 번은 관 청소하고 맥주의 거품을 거둬내고 정량을 채워서 판매하는 등 치킨집 맥주의 경쟁력을 갖추기 위해 노력했다. 그러던 중 술만 파는 곳이 아니라 음악과 술이 어울리는 새로운 펍을 만들고 싶었다. 준비하는 과정에 지금의 로즈 앤 크라운을 인수하게 되었다.

펍의 콘셉트는 무엇인가?

혼자 오건, 여럿이 오건 편안하게 맥주와 음식을 즐길 수 있는 영국식 펍이다. 펍은 들어왔을 때 부담감을 느끼면 안 된다. 분위기는 물론이고 가격 면에서도 부담이 없는 펍으로 만들려고 한다. 우리나라 사람들은 맥주를 마시면서 꼭 음식을 시켜야 한다고 생각하는데 로즈 앤 크라운은 맥주 한 잔만 마셔도 기분 좋은 곳으로 만들고 싶다. 그래서 혼자 오는 손님을 더 배려하려고 한다. 앞으로도 새로운 맥주를 소개하는 공간으로 만들고 싶다. 궁극적으로 맥주, 음식, 음악이 어울리는 공간을 만들고 싶다.

로즈 앤 크라운 펍만의 특징이나 좋은 점은 무엇인가?

인테리어가 독특하다. 영국 펍 특유의 분위기가 나기 때문에 이를 보러 오는 사람이 많다. 그리고 음식에 많은 신경을 쓴다. 그리고 12년 간 이탈리아 요리를 해온 옛 친구가 셰프로 들어와 메뉴를 대폭 강화하였다. 안주는 최대한 푸짐하게 나간다. 음악도 신경을 많이 쓰는 부분 가운데 하나다. 음악 전문 DJ가 주기적으로 음악 파일을 업그레이드 해준다.

창업 전 생각했던 것과 가장 다른 점은 무엇인가?

생각한 것보다 사람들이 국내 맥주에 길들여졌다는 것을 느꼈다. 1~2년은 손님들에게 크래프트 맥주를 이해시키는 해였다면, 올해는 보다 성숙한 맥주 문화를 만들려고 한다.

영국식 펍인 로즈앤크라운은 영국의 대표 음식인 생대구 피시앤칩스와 소시지, 으깬감자를 내놓고 있다.

펍을 찾아오는 손님의 연령층이나 특징이 있는가?

이태원이기 때문에 외국인이 40%를 차지한다. 연령층은 20대 초반에서 할아버지까지 다양하다.

펍을 하면서 좋은 점은?

원하는 맥주를 마음대로 마실 수 있고 손님과 친하게 지낼 수 있다.

좋아하거나 추천하고 싶은 맥주가 있는가?

알코올 도수 9%의 러시안 임페리얼 스타우트 올드 라스푸틴[Old Rasputin], 커피 향과 홉의 쌉싸름함이 어우러진 리버틴 블랙 에일[Libertine Black Ale]이나 과일 향과 쓴 맛의 피니시를 지닌 도수 7.2%의 잭 해머[Jack Hammer] IPA와 같이 묵직한 맥주를 좋아한다. 추천하고 싶은 맥주는 에일맥주 중에서도 가장 무난하고 마시기 편한 로즈 앤 크라운의 대표 맥주인 런던 프라이드다.

어떤 펍으로 만들어 가고 싶은가?

국내 시장에 에일맥주가 정착할 수 있도록 노력할 것이며, 더 나아가 밀맥주, 스타우트 등 다른 종류의 맥주 스타일 전문점을 오픈해 나갈 계획이다.

Menu Information

▶ **생맥주** 런던 프라이드 10,000원 허니 듀 10,000원 런던 포터 10,000원 기네스 10,000원 킬케니 9,000원 인디카 IPA 8,000원 플래티넘 IPA 6,000원 밍글 6,000원 **기타 시즌 에일**

▶ **병맥주** 골든 프라이드 10,000원 프론티어 10,000원 리버틴 11,000원 펑크 IPA 10,000원 뉴 캐슬 10,000원

▶ **대표 메뉴** 생대구 피시 앤 칩스 18,000원 소시지와 으깬감자 15,000원 코티지파이 14,000원 바비큐폭립 17,000원

14

최강 생맥주 리스트 갖춘
미국식 펍

라일리스
탭 하우스

Reilly's TAP HOUSE

Information

- ▸ **주소** 서울시 용산구 이태원동 123 – 32. 3층
- ▸ **찾아가기** 이태원역 2번 출구에서 30미터 직진
- ▸ **TEL** 02 – 792 – 6590
- ▸ **페이스북** www.facebook/Reilly's Taphouse&Restaurant
- ▸ **영업시간** 평일 16:0~01:00 주말 15:00~02:30
- ▸ **휴무일** 연중무휴   ▸ **1인 평균 예산** 20,000원

★

지하철 6호선 이태원역 2번 출구에서 도보 2분 거리로 이태원 대로변에 위치. 2012년 오픈.

이태원 펍을 이야기할 때 첫 손에 꼽히는 펍 중 하나가 라일리스 탭 하우스가 아닐까? 2층에 위치한 라일리스 탭 하우스는 이태원 특유의 활기찬 분위기가 느껴지는 미국식 가스트로 펍 Gastro Pub 이다. 확 트인 공간 안쪽에 길다란 바와 크고 작은 테이블이 배치되어 있다. 창가 쪽에는 두세 명이 앉아 맥주를 마실 수 있는 테이블과 바 의자가 놓여 있고, 오른편에는 여럿이 함께 맥주를 마실 수 있는 커다란 공간이 마련되어 있다. 펍의 중간에도 여러 개의 테이블이 놓여 있어 혼자서, 혹은 두세 명, 여럿이서 오더라도 취향에 따라 자리를 선택해 앉을 수 있다. 특히 펍의 바는 상당히 길어 많은 이들이 어울려 맥주를 즐길 수 있다. 바의 안쪽에는 30개의 생맥주 탭이 걸려 있고, 그 위에 맥주 메뉴가 빼곡하게 적혀 있다. 역시 다양한 크래프트 맥주를 맛보려면 이태원으로 가야한다는 말에 힘을 실어주는 곳이다.

라일리스 탭 하우스는 이태원에서 울프하운드 펍을 운영하는 한국인 사장과

여러 명의 외국인이 함께 만든 펍이다. 그리고 와인 소믈리에 자격증처럼 맥주의 양조과정, 맥주 스타일, 맥주 음미법 등의 지식을 지닌 사람들에게 주어지는 미국의 시세론^{Cicerone} 자격증을 보유하고 있는 트로이 씨가 합류하면서 직접 개발한 레시피의 크래프트 맥주를 선보이고 있다.

라일리스 탭 하우스는 생맥주용 냉각기를 사용하지 않고 생맥주 탭 뒤편에 있는 생맥주 전용 냉장실에 보관하여 서빙하고 있다. 생맥주 전용 냉장실은 맥주 종류에 따라 알맞은 온도에 지속적으로 맥주 케그^{맥주 통}를 보관할 수 있어 계절에 관계없이 생맥주의 신선도를 오래 유지할 수 있다. 30개의 생맥주 탭 가운데 약 26개는 고정적으로 들여 놓는 맥주이며, 3~4개 탭은 계절 맥주나 게스트 맥주를 넣는다.

공동 오너인 트로이 씨의 맥주 레시피로 만든 라일리스 제주 탠저린 IPA와 Seoul's Cream Stout를 비롯하여 스컬핀^{Sculpin} IPA, 워터 멜론 화이트^{Water Melon White}, 섬머 솔스티스^{Summer Solstice}, 쉬메이 화이트^{Chimay White} 등을 판매한다. 라일리스 제주 탠저린 IPA(6.4%)는 제주산 감귤 껍질을 넣어 첫맛은 탠저린 향이 나고 끝맛은 홉의 쌉쌀한 맛이 난다. 최근 새롭게 내놓은 Seoul's Cream Stout(4.8%)는 카푸치노와 밀크 초콜릿의 부드러운 풍미를 느낄 수 있는 스타우트 맥주이다. 최근에는 부산에 위치한 브루어리의 갈매기 IPA 등 다양한 국내 크래프트 생맥주를 들여놓고 있다. 라일리스 탭 하우스는 맥주의 종류만큼 안주 또한 다양하다. 프렌치프라이즈, 어니언링, 치즈나초, 버팔로 윙과 같은 작은 안주부터 다양한 종류의 버거, 각종 샐러드, 자마이칸 스타일의 저크치킨에 이르기까지 한 끼 식사로도 손색이 없는 음식을 내놓는다. 테이블 수는 21개, 바를 포함하여 90명 정도 수용 가능하다.

 자유롭고 활기찬 분위기에서 30여 종의 다양한 생맥주와 아메리칸 펍 스타일의 안주를 즐길 수 있다. 한쪽 공간에 커다란 테이블이 있어 회식 장소로도 좋다.

2   3

1 실내는 긴 소파와 다양한 높이의 테이블. 의자로 배치되어 자유로우면서도 편안한 분위기이다. 2. 3 라일리스 탭 하우스에서 만든 크래프트 생맥주 제주 탠저린 IPA와 Seoul's Cream Stout. 4 회색 벽돌로 장식한 입구 5 격자창 너머로 이태원 풍경이 바라보인다.

 강현석 매니저

펍을 시작하게 된 계기는?

펍을 운영하는 한국인 사장과 외국인 여러 명이 함께 만들었다. 그리고 맥주 전문자격증이라고 할 수 있는 미국의 시세론 자격증을 지닌 트로이 씨가 합류하면서 직접 만든 맥주와 다양한 생맥주를 보유한 펍을 만들게 되었다. 처음 오픈하였을 때는 인지도가 없었는데, 잡지나 블로그에 소개되면서 평일에도 손님이 많아졌다. 라일리스는 울프하운드 사장이자 라일리스 탭 하우스의 공동 대표인 사장의 첫째 아들 이름이다.

펍의 콘셉트는 무엇인가?

다양한 생맥주와 음식을 부담 없이 즐길 수 있는 가스트로 펍이다. 이태원 분위기에 맞는 자유로운 분위기의 펍을 지향하고 있다. 그렇다고 외국인에 초점을 맞춘 펍은 아니다. 내국인을 위한 펍이며, 분위기도 내외국인이 함께 어우러질 수 있도록 유지하는데 노력하고 있다.

우리 펍만의 특징이나 좋은 점은 무엇인가?

생맥주는 냉각기를 사용하지 않고 생맥주 전용 냉장고인 워크 인 냉장고에 보관하기 때문에 맛이 더욱 좋다. 공동 오너인 트로이 씨의 맥주 레시피로 위탁 생산한 라일리스 제주 탠저린 IPA와 Seoul's Cream Stout를 포함해 30여 종의 생맥주를 판매한다.

펍을 찾아오는 고객의 연령층이나 특징이 있는가?

연령층은 다양한데 30대의 회사원이 가장 많다. 여럿이 앉을 수 있는 테이블과 좌석이 있어 단체 예약 손님도 많다. 남녀 비율은 5:5이며, 외국인들도 자주 온다. 특히 주말에는 붐빈다.

펍을 운영하면서 가장 좋은 점은 무엇인가?

새로운 맥주를 접할 수 있고 맥주 애호가와 맥주를 양조하는 사람들을 만날 수 있다.

1 라일리스 탭 하우스는 30개의 생맥주 탭이 걸려있어 늘 색다른 맥주를 맛볼 수 있다. 2, 3 버팔로 윙과 치즈나초

Menu Information

▸ **생맥주 제주 탠저린 IPA 500㎖** 7,500원 **Seoul's Cream Stout** 7,500원 **라일리스 인디아 브라운 에일** 7,500원 **스컬핀 IPA** 13,000원 **갈매기 IPA** 7,500원

▸ **병맥주 브루클린 라거** 9,000원 **코나 코코브라운** 10,500원

▸ **대표 메뉴 자마이칸 저크치킨** 27,000원 **피시앤칩스** 18,000원 **치즈나초** 12,000원 **치킨텐더 샐러드** 15,000원

15

한국형 하우스 에일 맥주를
마실 수 있는 이태원 펍

파이루스

PYRUS (옛 로비본드)

Information

▸ **주소** 서울시 용산구 이태원동 34 – 14. 지하 1층

▸ **찾아가기** 녹사평역 3번 출구에서 이태원역 방면으로 2회 횡단보도
건넘. 이태원역 4번 출구에서 200미터 직진

▸ **TEL** 070 – 7773 – 6337

▸ **페이스북** https://www.facebook.com/pyrustaproom

▸ **영업시간** 월~목 17:00~24:00 금 17:00~02:00, 토 14:00~02:00
일 14:00~23:00

▸ **휴무일** 설, 추석 연휴 ▸ **1인 평균 예산** 15,000원~

★

6호선 녹사평역 3번 출구에서 도보
3분 거리로 이태원으로 가는 초입에
위치. 2014년 5월 '로비본드'로 오픈.
2015년 4월 '파이루스'로 펍명 변경

'파이루스(옛 로비본드)'는 외국인들이 즐겨 찾는 가게가 늘어선 이태원 대로변 초입에 있다. 파이루스 펍은 외국의 유명 맥주들이 특히 많이 소개되고 있는 이태원에서 한국형 에일 맥주를 맛볼 수 있는 곳이라 더욱 반갑다. 건물 지하로 들어가면 네모 반듯한 실내 공간이 펼쳐지고 펍 가장 안쪽에 생맥주 탭이 걸려 있는 바^{bar}가 보인다. 빈티지한 느낌을 살린 목재 테이블과 철제 의자가 가지런히 놓여 있어 깔끔하고 정리된 느낌이다. 벽면도 붉은 벽돌과 노출 콘크리트 등으로 마감하는 등 인테리어가 캐주얼해서 혼자, 또는 여럿이서 맥주를 즐기기에 편안하다. 조명도 시간대와 분위기에 따라 조절할 수 있으며, 전체적으로 은은한 조명이 테이블의 색깔과 잘 어울린다.

옛 이름인 '로비본드 Lovibond'는 맥주의 주재료인 몰트의 색상을 측정하는 단위인데, 1파운드의 맥아를 사용해 1갤런의 맥주를 만들었을 때의 맥주 색을 나타낸다. 펍의 한쪽 벽면에는 4가지 몰트의 샘플이 걸려 있고, 테이블의 색도 다양한 몰트의 색상을 형상화한 것이라고 한다. 대표 이인호 씨는 맥주에 관한 전문성을 표방하면서 맥주계에 다양한 색을 불어넣겠다는 당찬 계획으로 '로비본드'를 오픈하였다. 그는 맥주 홈브루잉과 시음 등을 나누는 온라인 모

1 몰트의 다양한 색을 나타내기 위해 펍의 테이블을 다양한 색의 목재 패널로 만들었다. 2 파이루스 자체 레시피로 만든 페일에일과 에스프레소 포터.

임인 '비어포럼'의 5인 공동 운영자 중 한 사람이기도 하다. 직접 맥주 레시피를 개발하고 위탁 생산한 맥주를 현재 파이루스에서 판매하고 있다. 파이루스 PYRUS는 배나무의 학명이다. 이태원 일대가 원래 온통 배밭이었던 역사적인 배경을 담은 펍 이름인 셈이다. 외국문화로 대표되는 이태원의 본래 특색을 좀더 확실하게 드러내기 위해 펍명을 파이루스로 바꾸었다고 한다.

파이루스의 맥주는 크게 세 종류로 나눌 수 있다. 먼저 자체 개발한 맥주 레시피로 위탁 양조한 맥주들이다. 현재는 트로피컬 페일 에일 Tropical Pale Ale과 에스프레소 포터 Espresso Porter, 파이루스 IPA 3종을 맛볼 수 있다. IPA는 19세기 영국에서 인도에 맥주를 보내기 위해 양조하기 시작한 맥주로, 맥주 맛의 변질을 방지하기 위해 홉을 많이 넣어 쓴맛이 강한 것이 특징이다. 이에 비해 파이루스의 트로피컬 페일 에일은 매일 부담 없이 마실 수 있도록 알코올 도수를 조금 낮추고 풍부한 풍미를 담은 것이 특징이다.

또 다른 맥주인 에스프레소 포터는 질감을 가볍게 하고 에스프레소 커피의 향을 충분히 담아낸 맥주로 색다른 맛을 즐기기에 좋다. 두 번째 종류의 맥주들

은 필즈너 맥주의 원조격인 체코의 필즈너 우르켈 Pilzner Urquell, 독일의 대표적인 밀 맥주인 바이헨슈테판 Weihenstephan 헤페바이젠 Hefeweizen, 발라스트 포인트의 빅아이 Big Eye 등 많은 이들이 좋아하는 게스트 탭이고, 세 번째는 덴마크의 미켈러 Mikkeller 나 미국 뉴햄프셔주의 스머티노즈 Smuttynose 맥주처럼 독특하고 개성 있는 맥주를 선별하여 스페셜 크래프트 탭으로 내놓고 있다. 좋은 맥주에 좋은 음식이 곁들여진다면 더 없이 좋다. 파이루스에서는 이탈리아 요리 전문 윤희상 셰프가 만드는 다양한 음식을 맛볼 수 있다. 두 사람은 비어포럼 활동을 하면서 만났다고 한다. 음식의 콘셉트는 미국식 오븐 음식으로, 음식을 조리한 뒤 무쇠 냄비에 담아 나간다. 다양한 종류의 피자는 한 끼로도 손색이 없으며 프렌치 프라이즈는 소스 4가지(누텔라 소스, 시금치 페스토 마요네즈 소스, 칠리 마요네즈 소스, 케첩)를 준비하여 취향이나 맥주에 따라 선택할 수 있다. 또한 봄철의 동죽 달래 파스타 등 각 계절의 신선한 재료로 만든 독특한 메뉴를 선보이고 있다. 펍의 테이블 수는 2인 테이블 17개, 바(6인석)를 포함하여 40명 정도 수용 가능하다.

총평 차분하고 깔끔한 분위기에서 홈 브루잉의 경험이 많은 오너의 맥주 레시피로 만든 한국형 에일 맥주와 이탈리아 요리 전문 셰프의 다양한 음식을 맛볼 수 있다.

INTERVIEW 이인호 대표

펍을 하게 된 계기는?

나만의 맥주 레시피로 만든 맥주를 판매하는 펍을 만들고 싶었다. 비어 포럼 운영자들과 함께 만든 펍 '사계'에도 관여하고 있다. 사계가 계절 맥주를 만들어 판매하는 곳이라면, 파이루스는 기본적인 스타일의 맥주에 초점을 둔 펍이다. 특히 에일 맥주의 기본이라고 할 수 있는 페일 에일을 잘 만들고 싶다. 가격도 저렴하고 부담 없이 마실 수 있고, 풍미도 좋은 페일 에일을 맛볼 수 있는 펍을 지향한다. 또한 맥주와 좋은 음식을 즐길 수 있는 펍이었으면 좋겠다.

펍의 콘셉트는 무엇인가?

편안한 분위기에서 수제 맥주와 음식을 함께 즐길 수 있는 캐주얼 펍이다. 기본적으로 클래식한 스타일의 맥주를 탄탄하게 잘 만들고 여기에 계절맥주와 실험적인 맥주를 더하려고 한다. 파이루스를 통해 맥주세계에 개성과 다양한 색깔을 불어 넣고 싶다.

파이루스 펍만의 특징이나 좋은 점은 무엇인가?

오너의 맥주 레시피로 만든 맥주와 이탈리아 요리 전문 셰프의 다양한 음식을 맛볼 수 있다는 점이다. 대표 메뉴로는 맥 앤 치즈 햄버거, 한 끼 식사로도 훌륭한 여러 종류의 피자 플래터, 프렌치 프라이 등이 있다. 각 시즌별로 스페셜 메뉴를 선보이고 있어 계절감을 살린 신선한 재료로 만든 퓨전 요리를 즐길 수 있다. 프렌치 프라이는 취향과 맥주 종류에 따라 소스를 선택할 수 있도록 하였다. 예를 들어 초콜릿 맛의 누텔라 소스는 에스프레소 포터 와 잘 맞는다.

펍을 찾아오는 손님의 연령층이나 특징이 있는가?

20대 후반부터 40대 초반의 손님이 많으며, 지역 특성상 외국인 손님도 많은 편이다.

1 2~3인이 먹기에 좋은 오렌지 소스 치킨 플래터. 육즙 가득한 닭 한마리에 오렌지 제스트와 오렌지 소스를 더하고 포테이토와 구운 야채가 곁들여져 풍미 진한 맥주와 잘 어울린다. 2 스테이크와 야채를 함께 즐기는 스테이크 플래터. 저온 숙성한 등심과 토시살 300그램을 스테이크로 잘 구운 다음 구운 야채와 함께 나온다. 양이 많아 식사로도 좋다.

어떤 펍으로 만들어 가고 싶은가?

계속해서 직접 만든 다양한 맥주를 선보이고 싶다. 우선 기본적인 스타일의 맥주를 제대로 만든 다음에 계절맥주와 실험적인 맥주도 시도하고 싶다.

Menu Information

▶ **생맥주** 트로피컬 페일 에일 500㎖ 5,500원 에스프레소 포터 500㎖ 6,000원 파이루스 IPA 6,500원 계절 한정 스페셜 맥주 5,500~7,000원 수입 크래프트 맥주 7,500~12,000원

▶ **병맥주** 수입 크래프트 맥주 7,500~12,000원

▶ **대표 메뉴** 더블 쉬림프 맥앤 치즈 13,000 꽈뜨로 포르마지 12,000원 무쇠 냄비요리 12,000~14,000원 오렌지 소스 치킨 플래터 23,000원 프렌치 프라이즈 및 어니언 링 7,000~8,000원 샐러드 및 사이드 메뉴 3,000~8,000원

16

훈남들이 운영하는
아지트처럼 편안한 경리단길 펍

E92

Information

▸ 주소 서울시 용산구 이태원동 292-2. 지하 1층
▸ 찾아가기 경리단에서 남산쪽 오다가 대성교회에서 오른쪽 골목길
▸ TEL 010-2775-2626 ▸ 페이스북 facebook.co./E92seoul
▸ 영업시간 18:00~01:00 ▸ 휴무일 월요일
▸ 1인 평균 예산 20,000원

★

6호선 녹사평역 2번 출구에서 도보 6~7분 거리로 맥주 펍과 카페가 모여 있는 경리단 길에서 조금 벗어난 언덕에 위치. 2014년 1월에 오픈.

서울 도심에서 보기 힘든 좁은 골목들이 이어진 경리단길은 맛집과 유명 펍, 카페가 많아 명소로 떠오른 곳이다. 경리단길로 접어들면 펍과 카페가 늘어서 있는 거리가 나오고 남산 쪽으로 가다가 오른쪽 골목의 가파른 언덕을 조금 올라가면 주택가가 나온다. "이런 곳에 펍이 있을까" 하는 생각이 들 정도로 경리단길과는 달리 조용하고 호젓한 분위기이다. 언덕을 오르면 왼쪽 2층 단독주택에 'E92'라는 독특한 이름의 간판이 보인다. E92는 펍의 주소인 이태원동 '292번지'와 오븐음식을 뜻하는 'Electric'의 약자이다

담벼락에는 하와이의 코나 맥주를 연상케 하는 하와이의 훌라걸 그림이 그려져 있고, 펍 입구의 잔디 마당에는 자그마한 바와 의자를 두어 밤에는 야외에서 맥주를 마실 수 있다. 작은 마당이 있는 단독주택의 반 지하를 펍으로 만든 E92는 나만의 아지트 같은 느낌이다. 호젓한 주택가의 한 공간을 편안한 펍으로 만들어 더욱 그렇다. 안으로 들어서면 정면에 생맥주 탭이 있고, 벽과 테이블 곳곳을 미국 만화로 장식하여 팝 아트의 분위기가 느껴진다.

E92는 이정주, 강재원 씨가 함께 꾸려가는 아담한 카페 같은 펍이다. 큰 키에 훈남인 두 청년은 스노우보드 수입회사에서 같이 일한 선후배 사이로 맥주를

좋아해서 동업으로 이어지게 되었다. 이정주 씨는 요리하는 것을 좋아하고 음식 솜씨도 좋아 주방을 책임지고 있고, 강재원 씨는 매니저 역할과 서빙을 맡고 있다. 두 사람은 직장인들이 퇴근길에 가볍게 맥주 한잔을 하면서 하루를 마무리 하는, 그런 편안한 동네 펍을 만들고 싶었다. 홀로 또는 둘이어도 좋고 동성 친구나 이성 친구, 선배 누구와도 허물없이 편하게 맥주를 즐길 수 있는 그런 동네 펍을 상상하며 경리단 주택가에 자리를 잡았다고 한다.

두 사람은 맥주에 대한 열의도 상당해 늘 새로운 맥주를 시음하고 생맥주와 병맥주 리스트를 업그레이드하고 있다. 현재 생맥주는 영국의 대표적인 페일 에일 Pale Ale(일명 비터Bitter) 맥주인 런던 프라이드 London Pride, 몰트의 풍미와 적당한 홉의 맛을 느낄 수 있는 구리색의 홉캣 앰버 에일 Hopcat Amber Ale 등이 있으며, 병맥주는 런던 포터 London Porter, 브루클린 라거 Brooklyn Lager, 빅 아이 Big Eye IPA, 빅 웨이브 Big Wave 등의 크래프트 맥주를 구비하고 있다.

E92의 음식과 이름 또한 젊은 대표를 닮아 강하면서 힘있고 독특한데, 두 오너가 개발한 '마초 치킨'과 '마초 포크'가 인기 메뉴다. 마초 포크는 돼지 목살 덩어리를 오븐에 구워 여러 야채와 함께 작은 플라이 팬에 담겨 나온다. 양도 푸짐하고 맛도 좋다. 마초 치킨은 600~700그램 정도의 영계를 오븐에 통으로 구운 것으로 멕시코 타코처럼 손님들이 직접 손으로 찢어서 또띠야 위에 닭고기, 양상추와 살사 소스를 얹어 먹도록 만들었다. 큼지막하게 먹는 남성적인 음식이라 '마초'라는 이름을 붙였는데, 양도 푸짐하고 야채의 컬러 배합과 데코레이션까지 독특해 케이블 방송에도 소개되었고, 여자 손님들에게도 큰 인기이다.

조명은 조금 어두운 편이라 두세 명이서 이야기를 나누며 가볍게 맥주를 마시기에 좋다. 펍의 전체 테이블 수는 실내 6개, 실외 3개로 실내는 30명 정도 수용 가능하다.

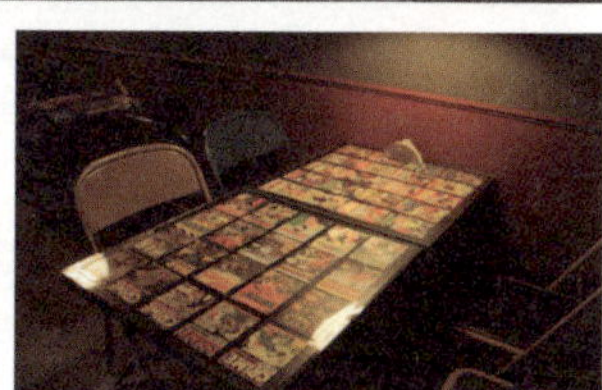

1 주택가에 위치한 E92는 담벼락에 훌라걸 그림을 그려 놓았다. 2 봄이면 마당에 캠핑의자와 테이블이 놓인다.

총평 번화한 경리단 길을 살짝 벗어난 언덕길에 위치해 있어 동네를 구경하는 기분으로 갈 수 있는 펍이다. 아기자기한 분위기에서 8, 90년대 미국 음악을 들으며 다양한 크래프트 맥주와 오너가 개발한 안주를 즐길 수 있다.

 강재원, 이정주 공동 대표

펍을 하게 된 계기는?

스노우보드 수입 회사를 같이 다녔다. 회사 생활이 힘들어 그만두고 각자 다른 일을 하다가 다시 만났다. 두 사람 모두 외국 음식과 맥주를 좋아해 함께 펍을 차리게 되었다. 처음에는 맥주에 대해 잘 몰랐지만 준비과정에서 여러 펍을 다니면서 크래프트 맥주와 에일, 벨기에 맥주에 대해 공부하였다. 맥주의 종류가 아주 다양하고, 미국 소규모 양조장에서 나온 크래프트 맥주가 많은 것을 알고 나서 크래프트 맥주를 전문으로 하는 펍으로 콘셉트를 잡았다.

펍의 콘셉트는 무엇인가? 상호 E92의 뜻은?

가볍게 맥주를 마시기에 편한 집이다. 애완동물을 데려와 혼자 맥주 한 잔을 하고 가도 좋고, 친구들끼리 맥주와 음식을 즐기기 편한 곳, 동네 주민들이 맥주를 마시며 하루를 정리할 수 있는 공간으로 만드는 것이다.

E92 만의 특징이나 좋은 점은?

맛있는 크래프트 맥주와 함께 우리들이 개발한 흥미로운 음식을 즐길 수 있다. 돼지 목살 덩어리를 오븐에 구워 여러 야채와 함께 먹는 마초 포크와 오븐에 영계를 통으로 구운 마초 치킨, 마초 윙이 대표 메뉴. 맛도 좋지만 양도 넉넉해 음식 때문에 찾아오는 손님들도 많다. 큼지막하게 남성적으로 먹게 만든 음식이지만 우리 생각과는 달리 여자분들이 깔끔하게 앞접시에 담아 먹는 모습도 재미있다.

크래프트 맥주 펍의 좋은 점은 무엇인가?

몰랐던 맥주에 대해 알아가면서 손님들에게 다양한 맥주를 소개하는 것이 즐겁다. 다양한 사람을 만날 수 있고 맥주에 어울리는 음식도 실험적으로 만들어 볼 수 있어서 좋다.

좋아하거나 추천하고 싶은 맥주가 있는가?

겨울에만 나오는 맥주이지만 위드머 브라더스 Widmer Brothers의 브르 Brrr가 좋다. 자몽 맛이 나는 맥주

1 마초 포크, 고기도 두툼하고 야채도 큼지막해 보기에도 먹음직스럽다. 2 맥주패키지를 소스통으로 활용하는 등 곳곳에 소품들을 재활용해 쓰고 있다. 3 나초 앤 살사.

로, E92의 음식과도 잘 어울린다.

펍을 찾아오는 손님의 연령층이나 특징이 있는가?

2, 30대 손님이 많은데, 이 가운데 여성 직장인이 70%를 차지한다. 손님의 20%는 외국인이다.

어떤 펍으로 만들어 가고 싶은가?

많은 손님들이 맥주를 마실 때 꼭 음식을 시켜야 한다고 생각한다. 음식 없이도 맥주 한잔을 앞에 두고 편하게 있을 수 있는 공간으로 만들고 싶다. 외국인들은 그런 분위기를 즐기는데, 우리나라 사람들은 음식을 주문하지 않으면 미안해 한다. 그런 눈치 전혀 보지 않는, 편안한 동네 펍이었으면 좋겠다. 물론 다양하고 늘 새로운 맥주를 마실 수 있는 동네 펍 말이다.

Menu Information

▸ **생맥주** 산 미구엘 500㎖ 7,000원 **홉캣 앰버 에일** 500㎖ 9,000원 **런던 프라이드** 9,000원
▸ **병맥주** 브루클린 라거 9,000원 **빅 아이 IPA** 9,000원 **롱 해머 IPA** 9,000원 **인디카 IPA** 8,000원
▸ **대표 메뉴** 마초 치킨 17,000원 **마초 포크** 17,000원 **마초 윙** 6,000원 **프렌치 프라이즈** 5,000원

17

유럽 펍에 온 것 같은 한남동 아이리쉬 펍

베이비 오코넬 스트리트

Baby O'Connell Street
(옛 Baby Guinness)

Information

▸ **주소** 서울시 용산구 한남동 272 – 3. 1층
▸ **찾아가기** 한남오거리에서 유엔빌리지 가는 길에서
　　　　오른편 파리크라상 옆 골목
▸ **TEL** 02 – 749 – 9553
▸ **영업시간** 월~수 16:00~01:00 목~금 16:00~04:00
　　　　토 14:00~04:00 일 14:00~01:00
▸ **1인 평균 예산** 20,000~30,000원

★

한남동 버스 정거장에서 도보 3~4분 거리로, 외국 대사관이 많이 들어서 있는 거리의 안쪽 골목에 위치. 2012년 4월 오픈.

한남동 대사관 거리, 차분한 분위기의 동네에 아이리쉬 펍 특유의 원색으로 장식한 베이비 오코넬 스트리트 펍이 있다. 펍의 간판과 벽면 홍보물에도 '기네스'를 내세우고 있는 이곳은 기네스를 비롯한 킬케니, 런던 프라이드 등 아일랜드와 영국의 맥주를 전문으로 하는 펍이다. 펍의 안쪽 벽면이나 창틀 등은 초록색으로 칠해져 있고, 앤티크한 느낌의 스탠드와 코너 장식, 꽤 넓은 공간에 높이가 높은 나무 테이블과 의자를 적절하게 배치해 편안하면서도 클래식한 유럽풍 펍의 분위기가 물씬 풍긴다. 생맥주 탭이 걸려있는 카운터 쪽은 다양한 종류의 맥주 잔과 병맥주, 맥주 소품 등으로 장식해 아이리쉬 펍의 분위기를 더해준다. 밖으로 난 테라스에는 테이블석이 마련되어 있어 날씨가 좋은 날은 늘 인기이다. 펍의 가장 안쪽인 카운터 쪽에는 기다란 바 bar가 놓여 있어 혼자서도 편하게 맥주를 즐길 수 있다.

베이비 오코넬 스트리트는 김미현 대표가 5년간 이태원을 대표하는 아이리쉬 펍인 베이비 기네스에서 근무한 경험을 바탕으로 새롭게 오픈한 펍이다. 김미

현 대표는 이태원의 베이비 기네스 펍에서 일하면서 펍의 즐거움과 다양한 맥주맛에 관심을 가지면서 자신만의 펍을 꿈꾸게 되었고, 이태원보다 조용하고 외국 대사관이 많은 한남동에 펍을 열게 되었다고 한다. 또한 이태원의 베이비 기네스에서 3년 간 일했던 조카가 매니저로 일하고 있고, 친언니가 주방을 맡고 있어 편안한 분위기에서 펍을 꾸려가고 있다.

아이리쉬 펍에 걸맞게 바에는 10개의 생맥주 탭이 걸려 있는데, 기네스 Guinness와 킬케니 Kilkenny, 그리고 영국의 런던 프라이드 London Pride 등 아일랜드와 영국의 대표 맥주들이 있다. 이처럼 고정적으로 갖추어놓는 맥주 외에 한 달에 한 번씩 번갈아 가며 게스트 탭도 선보이는데, 현재는 스텔라와 뮤닉둔켈 등이 있다. 베이비 오코넬 스트리트는 무엇보다도 신선하고 다양한 영국과 아일랜드의 생맥주를 즐길 수 있다는 것이 가장 큰 특징이다. 또 하나, 독특한 맥주 메뉴도 눈길을 끈다. 기네스에 킬케니, 인디카, 하이네켄, 허니 브라운 등 다양한 맥주를 섞은 그레이트 기네스 레시피 메뉴인데, 종류도 10여 가지가 넘는다. 기네스를 기본으로 다른 맥주를 섞는 독특한 칵테일이 흥미롭다. 베이비 오코넬 스트리트는 음식 메뉴에도 많은 신경을 쓰고 있다. 예를 들어, 대표 메뉴인 피쉬 앤 칩스는 생 대구를 사용하여 대구의 육즙이 살아 있고 쫄깃쫄깃하여 씹히는 맛이 좋다. 치킨 안심살과 칩스, 새우가 들어간 퀘사디아, 핫윙 등 맥주에 어울리는 메뉴도 늘 인기이다. 미니버거는 직접 패티를 만든 수제 버거로, 유명 햄버거집 못지 않다. 직접 만든 좋은 음식과 신선한 맥주가 잘 어울려 점심이나 여유있는 주말 브런치를 즐기기에도 좋은 곳이다.

펍의 테이블 수는 꽤 많은 편으로 실내 공간은 12개, 테라스에는 6개의 테이블이 있다. 바와 테라스를 포함하여 6~70명 정도 수용 가능하다.

총평 차분하고 클래식한 아이리쉬 펍의 분위기에서 영국과 아일랜드 맥주와 맛있는 안주를 즐길 수 있다. 외국인 손님과 함께 와도 매우 좋은 곳이다.

1 아일랜드의 대표 맥주인 기네스를 내세운 펍의 입구. 초록색 외관이 두드러진다. 2 이태원 베이비 기네스에서 3년간 일한 경력의 매니저. 3 전체적으로 목재 마감을 하고 차분한 느낌의 조명과 나무테이블, 앤티크한 분위기의 소품 등으로 유럽풍 펍 분위기가 물씬 난다.

INTERVIEW 김미현 대표

펍을 하게 된 계기는?

이태원 베이비 기네스 펍에 손님으로 갔다가 맥주 맛에 빠져 5년 간 일했다. 근무하면서 맥주 관리의 중요성도 알게 되었고, 펍이 점점 커가는 기쁨도 함께 느꼈다. 5년쯤 일하다 보니 "나만의 펍을 만들고 싶다"는 생각을 갖게 되었고 이를 구체화하면서 펍을 열게 되었다. 한남동도 이태원과 비슷한 분위기일 거라고 생각했는데, 이태원보다는 조용하지만 그렇다고 적막하지도 않아 마음에 쏙 들었다. 조카도 3년 간 나와 함께 베이비 기네스 펍에서 일했던 터라 이곳에서 매니저로 일하고 있고, 주방은 언니가 맡고 있다. 모두 가족이고 여자라 편하고 안정된 분위기에서 펍을 꾸려갈 수 있어 좋다.

펍의 콘셉트는 무엇인가?

한국에서 아이리쉬 펍의 원형을 느낄 수 있는 공간을 만들고 싶었다. 창틀과 펍 내의 컬러 등 디테일한 인테리어에도 많은 공을 들여 아이리쉬 펍의 분위기를 살리는데 애썼다. 무엇보다 펍에서 느긋하고 편하게 맥주를 즐길 수 있도록 녹색을 많이 사용하였다. 맥주나 음식 가격도 합리적으로 책정해 친구와 혹은 비즈니스 접대 등 누구와 오더라도 좋은 펍으로 만들려고 한다.

베이비 오코넬 스트리트 펍만의 특징이나 좋은 점은 무엇인가?

맥주 관리는 물론이고, 음식에도 많은 신경을 쓰고 있다. 내 가족이 먹는다는 생각으로 신선한 재료로 음식을 만든다. 펍에서 가장 많이 찾는 피쉬 앤 칩스의 경우 주재료인 대구는 냉동 대구가 아니라 생대구를 직접 손질해 사용한다. 대구의 가격이 오를 때면 냉동 대구를 써야하나 하는 유혹이 있었지만 손님과의 약속이라고 생각하고 생대구만을 고집하고 있다.

맥주 선별 기준 혹은 맥주 리스트 교체 주기는 어떻게 되나?

기네스, 킬케니, 런던 프라이드는 고정적으로 들여놓고 있으며, 주기적으로 손님들의 추천이 있거나 색다른 맥주를 발견하면 펍에 들여와 선보이려 한다.

1.2 훈제연어 샐러드와 아이리쉬 펍의 대표 메뉴인 피쉬 앤 칩스.

크래프트 맥주 펍의 좋은 점은 무엇인가?

손님에게 당당하게 "괜찮은 맥주입니다."라고 추천할 수 있고, 쉽게 맛볼 수 없는 맥주도 권유할 수 있어서 좋다.

좋아하거나 추천하고 싶은 맥주가 있는가?

기네스를 좋아한다. 조카는 킬케니를 좋아한다.

펍을 찾아오는 손님의 연령층이나 특징이 있는가?

점잖은 손님들이 많이 찾는다. 덕분에 펍의 분위기도 우아해지고 있다. 30~40대 손님이 가장 많고 외국 대사관이나 외국 학교에 근무하는 외국인 손님이 최근 들어 많아졌다. 주말에는 가족 단위로 브런치를 먹으러 오기도 한다. 남녀 비율은 6:4 정도이다.

어떤 펍으로 만들어 가고 싶은가?

아이리쉬 펍의 분위기를 유지해가면서 이곳에서만 먹을 수 있는 음식 메뉴를 개발하고 싶다. 그리고 대를 이어 갈 수 있는 펍으로 만들고 싶다.

Menu Information

▸ **생맥주** 기네스 10,000원 킬케니 9,000원 런던 프라이드 10,000원 허니 듀 9,000원 **인디카 IPA** 8,000원 파울라너 10,000원 스텔라 8,000원 뮤닉 둔켈 7,000원 크라우드 5,000원

▸ **병맥주** 코나 빅 웨이브 9,000원, 뉴 캐슬, 아메리칸 엠버, 헤이즐넛 브라운 넥타 10,000원, 다운타운 브라운 에일, 바이헨슈테판 헤페바이젠, 에델바이스 8,000원 코로나, 사무엘 아담스 허니브라운 7,000원

▸ **대표 메뉴** 피쉬 앤 칩스 20,000원 뱅걸스&매쉬 18,000원 오코넬's 버거 15,000원 훈제연어 샐러드 13,000원

봄, 여름, 가을, 겨울 맥주

맥주는 사계절 즐길 수 있는 알코올 음료이다. 계절에 맞는 맥주의 종류를 알아두면 계절 마다 맛난 맥주를 즐길 수 있다.

1. 봄 맥주

독일의 복비어

봄 맥주로 유명한 것은 독일의 '복(bock)'이다. 독일어로 '복'은 숫염소를 의미하기 때문에 복 비어에 숫염소의 그림이 그려져 있는 경우가 많다. 복 비어는 보통 색깔이 검은 편이며, 도수는 6.5% 정도로 높다. 이보다 알코올 도수가 높은 복비어는 '더블 복' 또는 '도펠 복(Doppelbock, 6.5~8%)'이라 한다. 독일 뮌헨에서는 봄이 찾아왔을 때 겨울 동안의 울적함을 달래기 위해 도펠 복비어를 마시는 것으로 알려져 있다. 영미권에서는 추운 계절에 몸과 마음을 따뜻하게 해주는 맥주라는 뜻에서 알코올 도수가 높은 맥주를 '스트롱 워머(Strong Warmer)'라 부른다.

2. 여름 맥주

벨기에 세송과 레드 에일, 독일 바이젠

여름의 갈증을 해소시켜주는 맥주로는 엷은 색깔과 가벼운 느낌의 바디감을 가진 맥주가 좋다. 보통 라거 계통의 맥주도 좋지만, 여름날의 갈증을 해소하기 좋은 맥주를 꼽으라면 먼저 벨기에의 세송(Saison)을 들 수 있다. 세송은 '계절(맥주)'이란 뜻으로, '여름'을 가리킨다. 또 다른 맥주로는 독일 남부의 바이젠(Weizen), 즉 밀맥주이다. 벨기에의 달콤 시큼한 레드 에일(Red Ale) 또한 여름용 맥주로 손색이 없다.

3. 가을 맥주

독일 메르젠

메르젠(또는 옥토버페스트비어)이 대표적이다. 냉장고가 없던 시절, 독일의 남부 바이에른 지역에서는 3~4월에 맥주 양조를 끝내고 여름에 마실 맥주를 알프스 동굴에 보관하면서 숙성시켰다. 그리고 여름이 끝나면 남은 마지막 맥주를 가을 축제에서 모두 마셨는데 이 때 마시는 맥주를 '메르젠(Märzen)', 또는 '옥토버페스트비어(Oktoberfestbier)'라고 불렀다. 이들 맥주는 오랜 저장 기간을 견디기 위해 여름용 맥주보다 1~2도 높은 5.5% 또는 그 이상으로 만든다. 독일에서는 추수를 마친 후 가을 맥주를 마시면서 축제를 즐기는데, 가운데 가장 유명한 맥주 축제가 뮌헨의 '옥토버페스트'이다.

4. 겨울 맥주

벨기에 스트롱 에일, 애비 비어, 트라피스트 비어

겨울에 즐겨 마실 수 있는 맥주의 종류로는 벨기에의 스트롱 에일(Strong Ale), 애비 비어(Abbey Beer), 트라피스트 비어(Trappist Beer)가 대표적이다. 이들 맥주는 여름 맥주보다 색깔이 진하고 묵직한 바디감을 가지고 있으며, 6~12도에 이르는 높은 알코올 함유량을 가지고 있어 추운 계절에 마시기에 매우 좋다. 복비어와 발리 와인(Barley Wine)도 겨울 맥주로 좋다.

꼭 맥주 전용잔에
마셔야 하나요?

맥주잔에 담긴 과학

필스너
플루트형

바이젠
플루트형

노닉 파인트 잔

실린더형

고블릿형

튤립형

마스(머그)

모든 맥주는 그 맥주에 어울리는 전용 잔에 따라 마셔야 한다. 모든 맥주는 제조회사에서 만든 전용잔에 마실 때 맥주의 맛을 가장 잘 음미할 수 있기 때문이다. 보통 병맥주의 경우 전용잔에 따를 경우 한 병이 모두 들어가도록 만들어졌다. 맥주잔의 모양은 와인잔과는 비교할 수 없을 정도로 다양하다. 술을 포함해 음료로 마시는 모든 종류 중에서 맥주잔이 가장 다양하다. 이는 잔의 모양이 맥주의 향, 거품, 맛, 온도와 직접적인 관계가 있기 때문이다.

맥주잔은 크게 필스너 플루트형(체코식 필스너 맥주 전용), 바이젠 플루트형(독일식 밀맥주 전용), 노닉 파인트 잔(영국 에일 맥주 전용), 실린더형(독일 쾰쉬 맥주 전용), 고블릿형(벨기에 트라피스트 비어 전용), 튤립형(벨기에 스트롱 에일 전용), 마스(머그, 독일식 필스너 전용) 등이 있다.

- **고블릿(Goblet)형** : 화려한 향을 가진 맥주는 향이 쉽게 확산되도록 위쪽이 넓게 벌어진 개방형 맥주잔(고블릿 잔)에 마시는 것이 좋다.
- **튤립(tulip)형** : 복잡하고 미묘한 향을 가진 맥주는 향이 달아나지 않도록 입구 부분이 다물어진 맥주잔이 좋다. 튤립(tulip)형의 맥주잔은 잔의 볼록 들어간 부분에서 거품이 조여지기 때문에 거품이 높게 올라가는 아름다운 형상을 즐길 수 있다.
- **플루트(flute)형** : 길고 가는 맥주잔은 위로 올라가는 맥주의 기포를 눈으로 계속 즐길 수 있다.

맥주잔은 미각과도 관계가 있다. 맥주는 잔의 모양에 따라 맥주가 혀의 어느 부분에 먼저 닿느냐에 따라 맥주 맛이 다르게 느껴진다. 맥주가 흘러들어가기 쉬운 모양의 맥주잔은 맥주의 감미(甘味)가 먼저 감지되고, 맥주가 흘러들어가기 어려운 맥주잔은 신맛이 먼저 느껴진다.

맥주 맛있게 마시는 법

맥주 따르기

맥주를 따를 때는 먼저 잔을 기울여 따르면서 중간 정도 채워졌을 때 거품을 만드는 것이 중요하다. 거품이 어느 정도 만들어지면 잔을 똑바로 세우면서 나머지 맥주를 따른다.

거품 비율

맥주는 반드시 거품이 어느 정도 유지되도록 따라야 한다. 맥주와 거품의 이상적인 비율은 7:3 또는 8:2이다. 맥주의 거품이 20% 이상 되도록 따르는 것은 거품이 맥주가 직접 산소와 접촉하여 산화되는 것을 막아주기 때문이다. 맥주는 산화되기 시작하면 급격히 맛이 떨어진다. 질 좋은 맥주는 맥주를 다 마실 때까지 거품이 남아 있다.

적정 온도

맥주의 맛은 온도에 따라 달라진다. 보통 필즈너를 비롯한 라거 종류는 섭씨 3~4도에서 마시는 것이 좋고, 페일 에일, 브라운 에일, 스타우트, 인디언 페일 에일, 바이젠 등의 에일 계열 맥주는 이보다 2도 높은 5~6도에서 마신다. 그리고 도수가 더 높은 벨기에의 스트롱 에일이나 트라피스트 맥주는 이보다 더 높은 6~8도 정도에서 마셔야 맥주 본연의 풍미를 느낄 수 있다.

알면 도움되는 맥주 용어

마이크로 브루어리(Microbrewery)

1년에 15,000배럴(1배럴은 163리터) 이하의 맥주를 생산하는 '작은 맥주회사'를 말한다. 이와 반대로 대형 맥주회사는 '메가 브루어리(Megabrewery)'라고 부른다.

크래프트 맥주(Craft Beer)

소규모 양조장에서 생산되는 맥주이자 대규모 맥주회사에서 생산되지 않는 다양한 스타일의 맥주, 맥주 본연의 맛을 찾아가는 맥주, 실험적인 맥주를 말한다. 따라서 크래프트 맥주 양조자는 대형 맥주회사보다 뚜렷한 자신만의 '맥주 철학'을 가지고 개성 있는 맥주를 만들려고 한다.

미국이나 일본에서는 1970, 80년대 이후 각 지역의 작은 양조장에서 만들어지는 맥주를 지칭하는 용어로 사용하고 있다. 우리나라에서는 크래프트 맥주를 '수제맥주'라고 표현하는 경우가 많다. 그러나 그리 올바른 표현은 아니다. 크래프트 맥주를 손으로 만드는 것이 아니기 때문에 영어 표현 그대로 '크래프트 맥주'로 부르는 것이 맞다.

브루 펍(Brewpub)

양조장과 펍이 같은 공간에 있는 곳을 말한다. 브루 펍에서는 펍 내부의 양조시설에서 만든 맥주를 바로 손님에게 생맥주의 형태로 판매한다. 보통 레스토랑을 겸하는 브루 펍은 개념상 자체 양조장 이외에서 제조된 맥주를 50% 이상 내놓지 말아야 한다. 우리나라에서는 흔히 브루 펍을 '하우스 맥주집'이라고 부른다.

ABV(ALCOHOL BY VOLUME)

알코올의 함유량을 퍼센티지로 표현한 것. 즉 알코올 도수를 말한다.

올 몰트 비어(ALL-MALT BEER, 100% MALT BEER)

쌀이나 옥수수(전분) 등 부산물을 첨가하지 않고 오직 보리 몰트로만 만들어진 맥주를 말한다. 일반적으로 대형맥주회사에서는 생산 단가를 줄이기 위해 옥수수(전분)나 쌀을 첨가하기도 하는데 이러한 맥주는 올 몰트 비어보다 맥주 맛이 떨어진다.

IBU(INTERNATIONAL BITTERNESS UNITS)

맥주의 쓴 맛을 측정하는 단위. IBU는 맥주에 사용된 홉의 양과 홉에 포함된 산(酸)의 양에 따라 측정된다. IBU 숫자가 높을수록 맥주의 쓴 맛이 강하다. 보통 쓴 맛이 약한 라거 맥주의 IBU는 5-10으로 정도로 홉의 맛이 별로 느껴지지 않는다. 한편 일반적인 맥주들의 IBU는 25-45로 홉의 맛을 다양하게 느낄 수 있다. IBU가 45를 넘는 맥주는 강한 홉의 맛을 지니고 있으며, 홉의 쓴 맛이 강한 IPA(Indian Pale Ale)는 IBU가 50-100에 이른다.

코스터(COASTER)

맥주잔을 올려놓는 맥주 받침.

드래프트 비어(DRAUGHT(DRAFT) BEER)

병이나 캔에 넣기 전에 맥주 양조장의 탱크에서 나온 맥주나 케그(알루미늄 맥주 통) 또는 캐스크 통(오크 맥주 통)에 담겨 판매되는 맥주를 뜻한다. 일반적으로 'draught(draft) beer'는 살균이나 여과를 거치지 않은 맥주, 즉 효모가 살아있는 맥주를 일컫는다. 우리나라에서는 '생맥주'라고 부르나 엄격히 말하면 '통맥주'라고 부르는 것이 옳다.

헤드(HEAD)

맥주의 거품을 일컫는 말. foam이라고 부르기도 한다.

임페리얼 스타우트(IMPERIAL STOUT)

수출용으로 만든 도수가 강한 스타우트(Stout) 맥주. 과거 러시아의 짜르 체제 시대에 런던에서 만들어진 강한 스타우트 맥주가 러시아 궁정에서 인기가 있었기 때문에 'Imperial'이란 이름이 붙여졌다. 오늘날 '임페리얼'이라는 말은 일반적으로 도수가 높은 맥주를 뜻한다.

아이피에이(IPA)

Indian Pale Ale의 약자로 홉의 쓴 맛이 강한 맥주를 부르는 말. 과거 영국이 인도를 식민지로 지배했을 때 영국에서 인도에 보내는 맥주가 상하지 않도록 다량의 홉을 넣은 것에서 유래되어 맥주 이름에 'Indian'이 란 말이 붙게 되었다.

케그(KEG)

철이나 알루미늄으로 만들어진 둥근 맥주 통. 보통 케그는 배럴, 갤런, 또는 리터로 용량을 표시한다. 국내에서는 10L, 20L 등 리터로 케그의 사이즈를 표시한다.

레이스(LACE)

맥주를 마실 때 맥주잔에 남는 거품 띠를 말한다. 둥근 레이스를 닮아 '레이스(lace)'로 부른다. 국내에서는 '엔젤링'이라고 부르나, 일반적으로 사용하지 않는 용어이다.

로비본드(LOVIBOND)

맥주의 원재료인 몰트(또는 맥주)의 색깔을 측정하는 단위. 1860년대에 조셉 로비본드(Joseph Lovibond)에 의해 만들어져 로비본드(Lovibond, 약자로 L로 표기한다)로 불린다. 몰트의 색깔이 진할수록 L 값이 높아진다. 예를 들어, 연한 페일 몰트(pale malt)의 로비본드 값은 2 또는 3L이지만 진한 색의 로스트 몰트(roast malt)는 로비본드 값이 약 400L에 해당된다. 최근에는 몰트의 색깔을 나타내는 단위로 Standard Reference Method(약자로 SRM으로 표기)를 사용하기도 한다. 몰트의 색깔이 진할수록 SRM 수치가 올라간다. 예를 들어, 연한 색의 몰트는 1-3SRM이고 검정색의 몰트는 20SRM이다.

시즈널 비어(SEASONAL BEER)

기념일이나 계절에 따라 한정 수량으로 만들어지는 맥주를 뜻한다. 예를 들어, 크리스마스 맥주가 이에 해당된다.

세숀 비어(SESSION BEER)

사람들이 쉽게 마실 수 있도록 알코올 도수를 낮게 만든 맥주. 예를 들어, Session IPA는 일반적인 IPA보다 도수가 1-2도 정도 낮다.

탭(TAP)

케그나 캐스크 맥주 통에 붙어 있는 손잡이를 말한다. 미국 등지에서는 펍에서 파는 통맥주(우리나라에서는 생맥주라고 부른다)를 일컫는 draft(draught) beer를 탭 비어(tap beer)라고도 부른다.

맥주의 맛을 표현하는
말! 말! 말!

요즘 맥주를 주제로 이야기 할 때 빠지지 않는 말들이 있다. 몰티, 홉피, 풀바디, 아로마, 피니시… 등 잡지나 기사는 물론이고 텔레비전 예능 프로그램에서도 쉽게 들을 수 있다. 맥주 맛 좀 안다는 사람들이 쓰는 이런 표현들은 알듯하지만 정확히는 모르는 경우가 많다. 혹시 새로운 맥주를 맛보면서 적절한 맛 표현 용어를 몰라 곤란한 적은 없었는가?

크래프트 맥주는 종류가 다양한 만큼이나 맥주를 음미하고 평가하는 용어나 맥주의 맛과 향을 표현하는 말도 다양하다. 맥주는 청각, 시각, 후각, 미각, 촉각이 동원되는 총체적인 경험이다. 입으로, 귀로 마시고, 눈으로 마시고, 코로 마시고, 혀로 마신다. 맥주의 맛을 표현들을 말을 알아두면 맥주를 더욱 다양하게 즐기고 느낄 수 있다. 당신의 맥주 상식을 살짝 올려줄 다양한 용어들을 알아본다.

바디 Body

맥주를 마시면서 입 전체로 느끼는 탄산의 자극, 목을 통과할 때 느낌 등 맥주의 촉각적인 측면을 나타낼 때 보통 '마우스필(mouthfeel)' 또는 '바디(body)'라는 용어를 사용한다. 어떤 맥주가 '탁 쏜다', 탄산기가 많다', '물처럼 밍밍하다', '가볍다', '깔끔하다', '부드럽다', '옅다', '묵직하다', '끈적거린다'라는 말은 향이나 맛과 관계없는 촉각적인 측면을 표현한 것이다.

맥주의 촉각적인 측면을 전문적으로 표현할 때 포도주의 경우처럼 '바디'라는 말을 많이 사용한다. '바디'란 입 전체에서 느껴지는 맥주의 '무게감'을 말한다. 보통 바디가 '가볍다(light)', '중간이다(medium)', '무겁다(full)'라고 하거나 또는 '가벼운 바디(light body)', '중간 바디(medium body)', '풀 바디(full body)' 등으로 표현한다.

바디는 입 안에서 느끼는 맥주의 점성(粘性)과 관련이 있다. 액체는 저마다 점성이 다르다. 예를 들어 물은 점성이 없고 입 전체에서 느껴지는 무게감이 매우 가볍다. 따라서 물은 (매우) '라이트 바디'라고 부른다. 이와는 달리 병원에서 엑스레이를 찍기 전에 마시는 끈적끈적하고 묵직한 느낌의 하얀 액체는 (매우) '풀 바디'라고 표현할 수 있다.

맥주의 경우, 가벼운 라거 맥주는 라이트 바디, 인디안 페일 에일(Indian Pale Ale)은 미디엄 바디, 도펠 복(Doppelbock)은 풀 바디에 속한다. 특정한 바디의 맥주가 더 좋은 것은 아니다. 바디는 맥주의 종류에 따라 다르고, 사람의 취향에 따라 선호하는 맥주의 바디가 다르기 때문이다. 마치 마른 사람과 뚱뚱한 사람의 체형을 놓고 어떤 사람이 좋은가를 논할 수 없는 것과 마찬가지다.

크리스프 Crisp

영어권에서는 특정 맥주를 묘사하면서 'Crisp'라는 표현을 많이 쓰는데, 이는 '탄산기가 많이 느껴지는 (맥주)'를 뜻한다. 우리말로 '톡 쏘는 맛' 또는 '청량감'과 비슷하다고 보면 된다.

몰티 Malty

보통 맥주를 마실 때 몰트의 단맛을 먼저 느끼게 된다. 혀의 구조로 볼 때 앞부분에서 단맛을 느끼기 때문이다. 다음으로 혀 뒷부분의 양 옆에서 과일의 신맛을 느끼게 된다. 끝으로 혀의 가장 안쪽에서 홉의 쓴맛을 느낀다. 몰트에서 나온 캐러멜 같은 풍미를 '몰티(Malty)'하다고 표현한다.

홉피 Hoppy

맥주에서 빠질 수 없는 것이 홉(Hop)이다. 홉은 맥주에 쓴맛과 향을 더해주는데 홉의 쓴맛은 맥아의 달콤함을 상쇄시켜 맥주 맛의 균형을 잡아주는 역할을 한다. 보통 강한 홉의 향과 맛을 지닌 맥주를 '홉피(Hoppy)'하다고 표현한다. 그리고 홉피한 맥주를 좋아하는 사람들을 '홉 헤드(Hophead)'라고 부른다.

피니시 Finish

맥주 맛 중에서 매우 중요한 것이 바로 '끝맛(Aftertaste)'이다. '피니시(Finish)'라고도 하는데, '끝맛'은 맥주를 한잔 마시고 난 뒤 한잔 더 마실까를 결정하는 중요한 요소이다. 좋은 홉을 사용한 맥주들은 피니쉬가 예술적이다. 반면, 맥주들 가운데는 맥주의 첫맛은 그런대로 좋으나 뒤로 가면서 맛이 사라지는, 즉 뒷심이 부족한 맥주들도 있다. 보통 홉의 맛이 약한 밋밋한 라거 맥주들 가운데 이런 맥주들이 많다.

아로마 Aroma

맥주의 향은 와인과 마찬가지로 '아로마(Aroma)'라고 한다. 맥주의 향은 다양하지만, 가장 두드러진 향은 몰트, 효모, 홉에서 나오는 향이다. 보통 좋은 맥주는 한 가지 향이나 맛을 가지고 있기보다는 복합적인 향과 맛을 지니고 있다. 좋은 맥주일수록 맥주의 향은 깊이감이 있으며 다양한 향이 아름다운 조화를 이룬다.

남산식물원
남산
남산
대림아파트
경리단길
그랜드하얏트
서울
경리단
16 E92
이태원
초등
학교
로즈 앤 크라운 13
14 라일리스 탭 하우스
❶
❷
해밀턴호텔
이태원 거리
녹사평역
녹사평역
❹
❶ ❷
이태원역
이태원소방서
❸
6호선
이태원역
❹ ❸ 이태원역
파이루스 15
(옛 로비본드)
아웃백
이슬람교
서울중앙성원
이태원시장
사계 12
보광
초등학교
용산구청
이태원1동
주민센터

서울용산
국제학교
블루스퀘어
한강진역
한남
초등학교
성미술관
리움
한남더힐
아파트
획
리첸시아
한남근린공원
베이비 오코넬 스트리트 17
순천향병원
현대리버티하우스
한남오거리
서울용산
국제학교
블루스퀘어
한강진역

PART
3

강북

슈가맨 – 인사동
맥덕스 탭 하우스 – 대학로
쇼스타퍼 – 미아동
링고 – 서울대
501 – 서울대입구
노비어 노라이프 – 갈현동

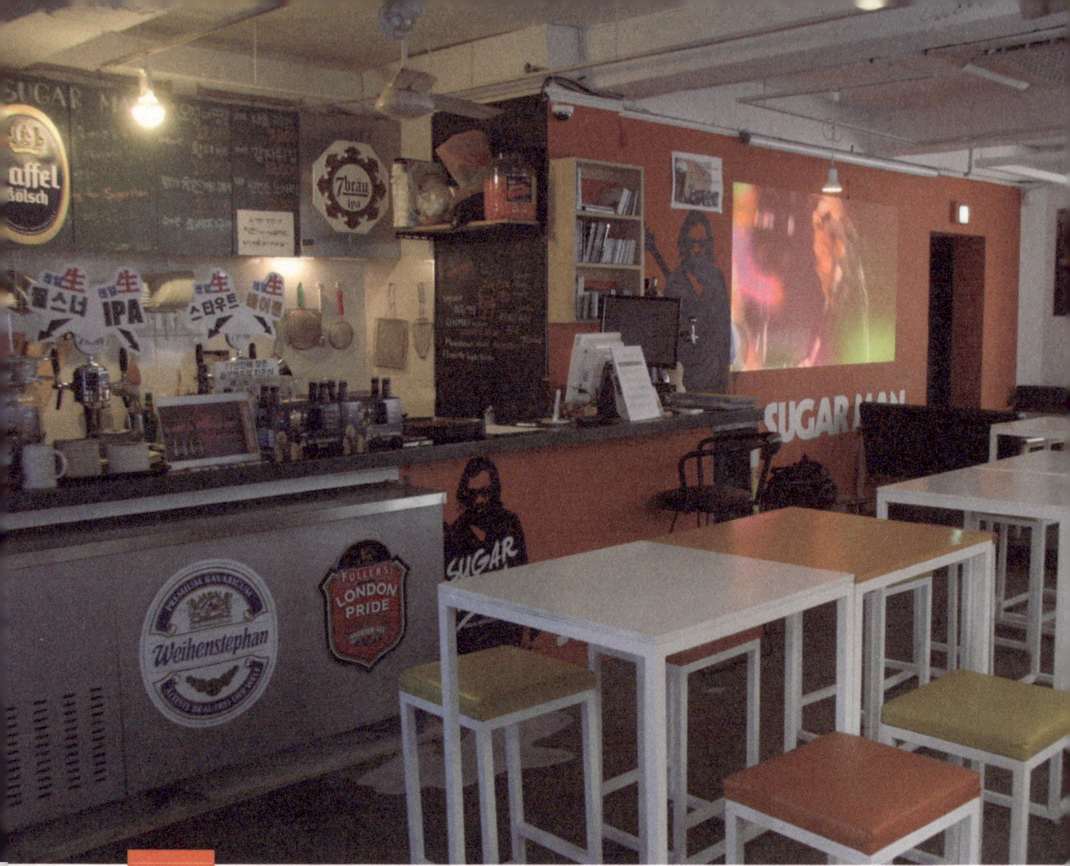

18

통통 튀는 펍 문화가 살아있는
인사동 컬처 펍

슈가맨
SUGAR MAN

Information

▸ **주소** 서울시 종로구 관훈동 198 – 10. 1~2층
▸ **찾아가기** 3호선 안국역 6번 출구, 1호선 종각역 3 – 1번 출구에서
　　　　 인사동 방향 직진. 인사동 사거리 공아트갤러리 옆 건물
▸ **TEL** 02 – 720 – 3309　▸ **페이스북** www.facebook.com/4SugarMan
▸ **블로그** Blog.naver.com/sugarman4u
▸ **영업시간** 11:00~12:00　▸ **휴무일** 매주 일요일
▸ **1인 평균 예산** 15,000~20,000원

★

지하철 안국역 6번 출구(또는 종각
역이나 종로 3가역)에서 도보로 5분
거리로, 인사동 5길에 위치.
2013년 4월에 오픈.

전통적인 가게가 늘어서 있는 인사동 거리에는 전통술과 한식을 파는 가게가 많다. 그래서인지 인사동에서 괜찮은 펍을 만나기는 쉽지 않았다. 슈가맨은 인사동 거리에서 만난 반가운 크래프트 맥주 펍이다. 인사동 사거리에서 낙원떡집 골목(인사동 5길)으로 들어가면 오른쪽에 아담한 5층 건물이 보인다. 흰색으로 페인팅된 1, 2층이 슈가맨 펍이다. 펍은 도로 쪽으로 테라스가 있어 카페 같은 느낌이 드는 1층과 보다 본격적인 펍의 느낌이 드는 2층으로 나뉘어 있다.

2층 펍 안으로 들어가면 한쪽에 8개의 생맥주 탭이 걸려 있는 바가 있다. 펍의 오른쪽 벽면 쪽은 혼자서 맥주를 즐길 수 있도록 작은 바 형태로 되어 있고, 안쪽에는 맥주를 마실 수 있는 테이블이 여러 개 놓여 있다. 한쪽 벽에는 영화 '슈가맨'의 그림이 그려져 있고, 오렌지색 벽면 스크린을 통해 록 음악의 실황 연주가 흘러나오고 있어 펍의 분위기는 상당히 자유롭고 편안하다.

슈가맨의 가장 큰 장점은 다양한 크래프트 생맥주와 병맥주를 맛볼 수 있다는 것이다. 이인기 대표는 맛 없는 맥주는 절대 들여놓지 않는다고 자신있게 말한다. 인사동에서 다양한 크래프트 맥

주를 제대로 마실 수 있는 곳은 슈가맨이 거의 유일하다. 먼저 국내 마이크로 브루어리인 세븐 브로이에서 만드는 4종의 맥주인 라거 계열의 필스너와 하얀 빛깔이 도는 밀맥주 바이젠, 검은 갈색의 스타우트, 홉의 쓴맛이 강조된 인디언 페일 에일을 맛볼 수 있다. 또한 벨기에에서 직수입한 벨기에식 밀맥주인 셀리스 화이트 Celis White와 진한 홉의 향과 맛을 느낄 수 있는 스컬핀 Sculpin IPA, 독일의 정통 밀 맥주 바이헨스테파너 Weihenstephaner 등 유럽과 미국의 대표적인 크래프트 맥주를 생맥주로 즐길 수 있다.

또한 슈가맨은 인사동과 어울리는 다양한 행사를 기획해 크래프트 맥주 문화를 만들어 가고 있다. 한달에 한번씩 열리는 '맥주반상회'는 맥주에 대해 함께 배우고 시음하는 자리이고, 인사동 크래프트 마켓은 수공예품, 그림, 액세서리와 지리산, 제주도, 남양주, 경주 등의 로컬 푸드를 파는 먹거리 장터이자 주먹밥, 수제쿠키, 케이크, 마카롱, 훈제 치즈, 리코타 치즈 , 더치커피와 더불어 슈가맨의 크래프트 맥주를 파는 핸드메이드 장터이다. 이런 다양한 행사를 통해 펍 문화를 만들어 가고 있다. 슈가맨을 찾을 때마다 다양한 행사와 이벤트가 열려 맥주는 물론이고 펍문화를 즐기는 것도 인사동스럽다.

슈가맨의 스태프들은 '맥주 소믈리에'로 불릴 정도로 맥주에 대한 상당한 지식을 가지고 있다. 적극적으로 맥주 동호회 활동을 하는 두 명의 매니저로부터 상세한 설명을 듣고 취향이나 입맛에 맞는 맥주를 골라 마실 수 있다. 또한 오너와 매니저, 스태프가 함께 모여 새로운 맥주를 시음한 다음 맥주 리스트를 선정하고 페이스북 등을 통해 새 맥주 시음회를 열고 있어 컬처 펍이라는 이름에 걸맞는 활발한 교류와 활동이 있다.

이인기 대표는 1층은 생맥주를, 2층은 다양한 병맥주를 마실 수 있는 공간으로 차별화해 운영하고 있다. 병맥주로는 영국의 대표적인 페일 에일 Pale Ale 맥주인 런던 프라이드 London Pride, 홉의 쓴맛이 강한 IPA 계열의 홉 헤드 레드 Hop Head Red와 알케미 에일 Alchemy Ale, 깔끔한 하와이의 트로피컬 향

1 2 3 밝고 캐주얼한 분위기의 펍 내부. 스크린에는 록밴드 공연 실황이 나오고 있다. **4** 이인기 대표와 맥주 소믈리에라 불리는 매니저와 스태프.

을 느낄 수 있는 빅 웨이브 Big Wave 등 영미의 크래프트 맥주뿐 아니라 쉬메이 Chimay, 베스트말레 Westmalle 를 비롯한 트라피스트 맥주를 다양하게 갖추어 놓았다.

안주류도 수제 소시지를 비롯하여 수제 버거 등 크래프트 맥주와 어울리는 메뉴를 내놓고 있다. 1층은 40명, 2층은 바를 포함하여 30명 정도 수용 가능하다.

총평 전통의 거리 인사동에서 다양한 크래프트 맥주와 음식을 즐길 수 있는 펍이다. 또한 맥주 지식이 풍부한 대표와 매니저에게 맥주를 추천 받고 자세한 설명을 들을 수 있다.

 이인기 대표

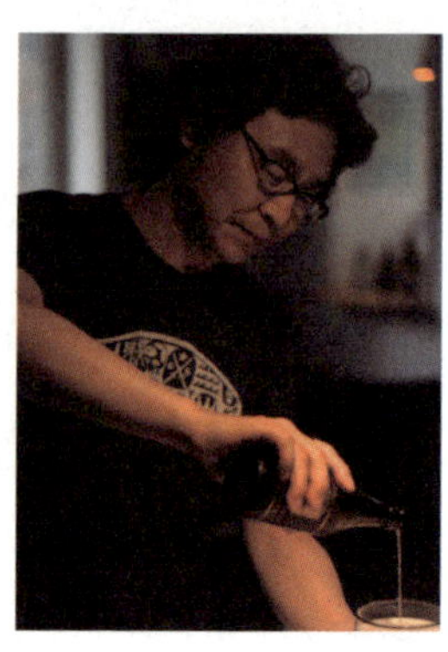

펍을 시작하게 된 계기는?

2012년 겨울에 다른 사업으로 무척 어려운 시기였는데, 영화 〈서칭 포 슈가맨 Searching for Sugar Man〉을 보고 감동받아 많이 울었다. 희망적인 내용의 영화라 "힘들지만 의기소침할 필요가 없구나. 언제가 내 가치를 인정받을 때가 오겠구나."라는 생각을 하며 위로받았다. 이후 선배가 운영하는 카페의 홍보를 도와주다가 가게를 맡았다. 카페를 펍으로 바꾸면서 영화의 감동을 여러 사람들과 나누고 싶다는 생각에 펍의 이름을 '슈가맨'으로 정하였다. 처음에는 창고형 맥주 펍을 생각했지만 맥주에 대해 공부하면서 크래프트 맥주를 알게 되었고, 인사동의 이미지에 크래프트 맥주가 어울린다는 생각에 크래프트 맥주 전문점을 열게 되었다.

펍의 콘셉트는 무엇인가?

영화 〈서칭 포 슈가맨〉을 콘셉트로 하고 있다. 단순히 맥주만 파는 집이 아니라 문화를 함께 나누는 컬처 펍 culture pub을 만들고 싶다. 맥주를 마시는 사람들이 영화의 느낌과 가치를 발견하고 행복한 마음으로 돌아갔으면 좋겠고, 하루의 피로를 날려버릴 수 있는 달콤한 공간이 되었으면 한다. 음반 제작자로 오랫동안 일했기 때문에 좋은 음악이 있는 크래프트 맥주 펍으로 만들어 나갈 계획이다. 누구나 어울려 음악을 즐기는 공간이면 좋겠다. 그래서 벽 스크린에 록 음악 실황 뮤직비디오를 틀어 놓고 있다. 또한 슈가맨은 〈서칭 포 슈가맨〉의 주인공인 로드리게스를 기념하는 공간이기도 하다. 언젠가 그가 슈가맨에 와서 시원한 맥주 한 잔하고 가셨으면 좋겠다.

슈가맨만의 특징이나 좋은 점은 무엇인가?

맥주 소믈리에 역할을 하는 매니저가 손님의 입맛에 맞는 맥주를 추천해주고 자세한 설명을 해준다. 크래프트 맥주는 저마다 개성이 있기 때문에 맥주의 맛과 역사를 아는 사람의 이야기를 듣는 것이 중요하다.

크래프트 맥주 펍의 좋은 점은 무엇인가?

맥주가 우아하니까 손님들도 우아하다고나 할까. 하하. 다양한 손님과 이야기를 나눌 수 있어 좋다.

슈가맨의 수제 소시지와 수제버거. 맥주와 어울리는 여러 메뉴를 내놓고 있다.

좋아하거나 추천하고 싶은 맥주가 있는가?

벨기에의 두체스 드 부르고뉴Duchesse de Bourgogne를 좋아한다. "곡물로 어떻게 만들었길래 맥주에서 과일 향이 나지?"하는 신기함과 "장인들이 얼마나 고생했을까?"하는 생각이 동시에 드는 맥주이다. 벨기에의 델리리움 트레멘스Delirium Tremens는 맥주에 대한 개념을 깬 맥주라 인상에 남는다. 그리고 벨기에 대표 트라피스트 맥주인 쉬메이를 만나면서 "세상에는 정말 다양한 맥주가 있구나."하는 생각과 맥주에 대해 더 공부해야겠다는 생각이 들었다. 벨기에의 정통 밀맥주 셀리스 화이트나 위드머 브라더스의 IPA 맥주인 알케미 에일도 좋다.

펍을 운영하면서 힘들거나 아쉬운 점은 무엇인가?

이제는 크래프트 맥주에 대한 인식이 많이 확대되었지만 아직은 마음놓고 마시기에 가격이 부담스러운 것이 사실이다. 수입 맥주의 세금제도 개선, 국내 마이크로 부루어리가 질 좋은 맥주를 생산할 수 있는 정책과 제도의 뒷받침이 되었으면 좋겠다. 그렇게 되어 크래프트 맥주가 새로운 산업으로 활성화되기를 바란다.

펍을 찾아오는 손님의 연령층이나 특징이 있는가?

연령층은 20~60대까지 정말 다양하다. 중년층은 마음에 들면 꾸준히 온다. 최근 외국인 손님도 늘고 있다. 남녀 비율은 7:3 정도이다. 페이스 북에 슈가맨 '좋아요'의 숫자가 2천 명 가까이 된다.

어떤 펍으로 만들어 가고 싶은가?

슈가맨은 행복을 주는 공간이 되고 싶다. 더불어 크래프트 맥주와 문화를 많은 사람들과 나누는 크래프트 컬쳐 펍이었으면 좋겠다. 1층은 생맥주를, 2층은 프리미엄급 병맥주 위주로 구성하고 있는데, 앞으로 슈가맨 자체의 맥주를 만들기 위해서 노력하고 있다.

Menu Information

▶ **생맥주** 필스너 우르켈 355㎖ 7,500원 셀리스 화이트 270㎖ 7,000원 470㎖ 12,000원 바이헨슈테판 헤페 330㎖ 8,000원 500㎖ 12,000원 스컬핀 IPA 330㎖ 9,000원 470㎖ 13,000원

▶ **병맥주** 알케미 에일, 빅 웨이브, 런던 프라이드, 듀벨, 라쇼페, 닌카시 오티스 오트밀 스타우트 10,000원 ESB, 펑크 IPA 11,000원 홈멜, 쉽렉 더블 IPA, 다크씨 임페리얼 스타우트, 스컬핀 IPA, 잭해머 IPA, 바이헨슈테판 비투스 13,000원 두체스 드 브루고뉴 16,000원 델리리움 트레멘스, 트리펠 카르멜릿, 퓰러스1845 17,000원 오르발, 로쉬포르트 8/10 등 트라피스트 6개 양조장의 맥주 13종

▶ **대표 메뉴** 깍두기 스테이크 20,000원 바질페스토 파스타 샐러드 15,000원 소시지 구이&샐러드 15,000원, 육포 15,000원, 모듬 치즈 까나페 10,000원 감자튀김 12,000원

19

수제 피자와 맥주가 어우러진 대학로 펍

맥덕스 탭 하우스

McDuck's Tap House

Information

▶ **주소** 서울시 종로구 명륜4가 60-1. 지하 1층

▶ **찾아가기** 혜화역 4번 출구. 대명길로 진입해 CGV지나 30미터 앞 왼쪽 골목

▶ **TEL** 070-8623-6397 ▶ **페이스북** www.facebook.com/TapMcduckss

▶ **영업시간** 17:00~02:00 ▶ **휴무일** 월 1회 정기 휴무(페이스북에 공지)

▶ **1인 평균 예산** 15,000~30,000원

★

지하철 4호선 혜화역 4번 출구에서 도보 3분 거리로, 음식점과 술집이 늘어서 있는 대학로 번화가의 길 안쪽에 위치. 2013년 10월에 오픈.

크고 작은 공연장과 대학교가 있어 늘 사람들로 붐비는 대학로 거리. 맥덕스 탭 하우스는 대학로에서 찾아 보기 힘든 크래프트 펍으로, 지하철 4호선 혜화 역에서 번화한 거리를 조금 지난 골목에 위치해 있다. 8[팔]이라고 쓰여진 건물에서 왼쪽 안으로 들어가면 이자카야, 맥주집, 음식점이 늘어서 있는 골목의 중간에 맥덕스 탭 하우스라는 간판이 보인다. 펍의 안쪽으로 들어가면 10개의 테이블이 반듯하게 놓여 깔끔한 분위기이다. 안쪽에는 자그마한 바가 있고, 6개의 생맥주 탭이 나란히 걸려 있는 것이 보인다.

맥덕스 탭 하우스는 '치맥'에 이어, 인기 상한가인 피자 맥주를 줄인 '피맥' 펍이다. 대표인 민경후 씨는 오랫동안 이탈리아 레스토랑에서 일한 경험과 외식업체에서 메뉴 개발을 한 경력을 바탕으로 피자와 크래프트 비어를 함께 즐길 수 있는 펍을 열었다. 모짜렐라 치즈 피자, 모짜렐라 & 체다 피자, 페파로니 피자, 에그 & 베이컨 피자, 고르곤졸라 피자까지 5종류의 피자를 직접 만든다. 이처럼 맥덕스 탭 하우스는 피자 전문점 못지않게 다양한 피자를 골라 먹을 수 있는 크래프트 비어 펍이라는 것이 가장 큰 특징이다. 그래서 피자를

맛보기 위해 오는 손님도 적지 않다고 한다.

민경후 대표는 대학로에 크래프트 비어를 전문으로 하는 펍이 없다는 점에 착안해 이곳에 오픈하였다고 한다. 생맥주는 기본적인 라거 Lager, 아이피에이 IPA, 스타우트 Stout, 앰버 Amber, 바이젠 Weizen 계열의 맥주 한 종류씩과 월별로 게스트 맥주를 들여 놓고 있다. 현재는 빅아이 IPA, 로버스트 포터, 레드씰 에일과 플래티넘 페일에일 등을 맛볼 수 있다. 맥덕스 탭 하우스는 생맥주를 담은 케그 전용냉장고를 사용하고 맥주관 청소 등 맥주 관리를 잘하여 생맥주의 맛이 좋다.

병맥주는 보다 마니아적인 것을 선별하는데, 현재는 스코트랜드의 크래프트 맥주 회사인 브루 독 Brew Dog과 미국 서부 크래프트 맥주 회사인 발라스트 포인트 Ballast Point, 웨스트 코스트 West Coast, 노스 코스트 North Coast의 양조장에서 만드는 3개의 브랜드를 선택하여 12종류를 들여놓았다. 게스트 병맥주는 계속 추가되고 있다.

맥덕스 탭 하우스는 대학로에 있어 강남이나 이태원보다 맥주 값이 약간 저렴하다. 가격면에서 좀더 편안하게 크래프트 맥주를 즐길 수 있다는 점도 좋다. 펍의 테이블 수는 10개, 35~45명 정도 수용 가능하다.

총평 심플하고 캐주얼한 분위기에서 주인이 직접 만드는 피자와 다양한 크래프트 맥주를 즐길 수 있다. 케그 전용냉장고를 사용하고 맥주 관리를 잘하여 생맥주의 맛이 좋다.

1 2 펍 벽면에 현재 판매되는 생맥주와 병 맥주 리스트를 걸어 장식효과까지 얻고 있다. 3 다양한 소시지와 맛있는 감자튀김이 함께하는 모듬 소시지와 감자플래터. 4 치킨 윙과 감자튀김.

민경후 대표

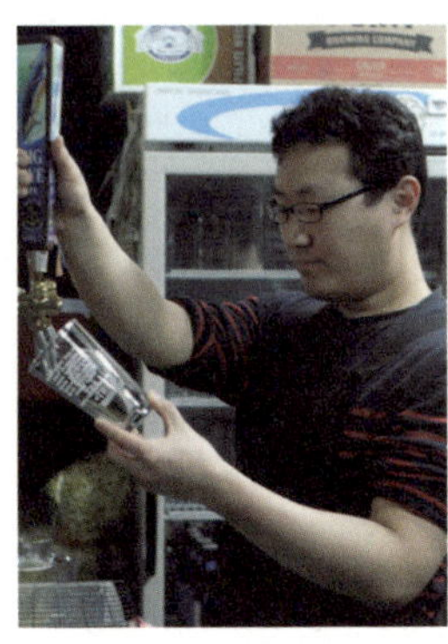

펍을 하게 된 계기는?

외식업체 메뉴 개발팀에서 근무했다. 하우스 맥주 관련해서 시장 조사를 담당하면서 맥주가 매력 있는 술이라는 것을 알게 되었다. 시장성도 크고 가능성이 있을 것 같아 직장을 그만두고 펍을 시작하게 되었다.

펍의 콘셉트는 무엇인가?

최근의 트렌드인 피자를 펍의 콘셉트로 정했다. 7~8년 동안 이탈리아 레스토랑에서 일을 한 경험이 있어 직접 피자를 만들어 손님에게 제대로 된 피자와 크래프트 맥주를 즐길 수 있는 공간으로 만들려고 한다.

맥덕스 탭 하우스만의 특징이나 좋은 점은 무엇인가?

생맥주 전용 냉장고에 생맥주를 보관하고 관리에 신경을 쓰기 때문에 맛이 좋다. 또한 오너가 직접 만드는 맛난 피자를 맛볼 수 있다.

펍을 찾는 손님의 연령층이나 특징이 있는가?

주된 고객층은 30대 초, 중반이지만 20대도 많이 오고 나이 드신 분도 종종 펍을 찾는다. 펍을 오픈한 초기에는 크래프트 맥주 가격대가 있다 보니 중년이나 연극 관람객만 올 줄 알았는데 생각보다 젊은 층이 많이 온다. 젊은 커플이 한두 잔 마시고 가기도 한다. 남녀 비율은 4:6으로 의외로 여자 손님이 많다.

힘들거나 아쉬운 점이 있는가?

나름 선별하여 맥주 리스트를 구비하고 있는데, 손님 중에는 1, 2차에서 거나하게 마시고 와서 아무 맥주나 가리키며 그저 부족한 알코올을 더 채울 맥주를 찾을 때는 아쉽다.

맥덕스 탭 하우스의 대표 메뉴인 수제피자. 맛도 좋고 가격도 저렴해서 더욱 좋다.

좋아하거나 추천하고 싶은 맥주가 있는가?

라거 계열 맥주를 좋아한다. 국내 브랜드인 '맥스'를 폄하하는 사람도 있지만, 관리를 잘하면 맛있다. 맥주 값 때문이 아니라 맥스를 추천하려고 들여 놓았다. 아마도 케그 전용 냉장고 시스템에서 맥스를 파는 곳은 맥덕스 외엔 없을 것이다.

어떤 펍으로 만들어 가고 싶은가?

간단하게 피자를 먹으면서 부담 없이 맥주를 마실 수 있는 대중적인 펍으로 만들고 싶다. 친구나 연인과 함께 이 맥주, 저 맥주 편안하게 마실 있는 캐주얼 펍이 되었으면 좋겠다.

Menu Information

▸ **생맥주** 빅 아이 IPA 9,000원 펑크 IPA 8,000원 **로버스트 포터** 8,500원 레드 씰 에일 7,500원 마이셀 바이스 6,000원 플래티넘 페일에일 5,000원 맥스 3,000원. 맥주 리스트 상시 변경

▸ **병맥주** 스컬핀 IPA 11,000원 올드 라스푸틴 12,000원 코나 빅 웨이브 8,500원 브루 독 잭 해머 12,000원

▸ **대표 메뉴** 더블치즈 피자 페퍼로니 피자 9,000원 에그베이컨 피자 8,500원 **고르곤졸라 피자** 9,500원 치킨윙&감자튀김 12,000원 소시지 플래터 15,000원 감자튀김 7,000원 **맥앤치즈** 7,000원 **나초살사** 6,000원 샐러드 8,000원

동네 펍 문화 이끄는
미아리 벨기에 맥주 펍

쇼스타퍼
SHOW STOPPER

Information

▸ 주소 서울시 강북구 미아동 72-18. 2층
▸ 찾아가기 4호선 미아사거리역 1번 출구. 롯데백화점 미아점 후문 건너편.
▸ TEL 010-8713-9415 ▸ 영업시간 17:00~03:00
▸ 휴무일 추석, 설날 ▸ 1인 평균 예산 15,000~20,000만원

★

지하철 4호선 미아사거리역 1번 출구에서 도보 3분 거리로, 미아 롯데백화점 후문 건너편 길가에 위치. 2007년 오픈.

이태원이나 홍대 등을 벗어나면 사실 동네에서 크래프트 맥주를 맛볼 수 있는 펍을 찾기 힘들다. 그런데 미아리 근처에 벨기에 맥주 전문점으로 굳건하게 자리한 펍이 있다는 이야기를 듣고 궁금증이 생겼다. 미아사거리역에서 내려 롯데백화점 후문에서 길을 건너자 길가에 쇼스타퍼라는 커다란 입간판이 눈에 들어온다. 처음 펍을 찾을 때는 외관이 다소 소박한 분위기로, 이곳에 정말 벨기에 맥주 전문점이 있을까 하는 생각이었다.

2층 펍으로 들어서자 클래식하고 차분한 분위기가 느껴졌다. 원래 북카페가 있던 자리라고 하는데, 편안한 소파와 낮은 테이블, 책장에는 벨기에 맥주와 전용잔을 가지런히 진열해 둔 모습에서 북카페의 흔적이 남아있다. 가장 안쪽에는 일본 크래프트 비어인 코에도 생맥주가 걸려 있고, 맥주 냉장고에는 30여 종류의 벨기에 맥주와 크래프트 맥주가 가득하다. 자리 배치는 비교적 넉넉한 편으로 소파와 여러 명이 함께 앉을 수 있는 공간까지 다양한 테이블이 마련되어 있다.

쇼스타퍼는 김기봉 대표가 운영하는, 미아리 지역의 거의 유일한 벨기에 맥주 펍이다. 크래프트 맥주 문화에서 다소 소외된 미아리 근처에서 소박하지만 새로운 맥주문화를 만들어 가고 있는 셈이다. 김기봉 씨는 미아리 토박이로, 이 지역에 펍을 연 지는 7년, 경희대 앞에서 펍을 운영한 것까지 하면 12년 경력의 베테랑 펍 운영자이다.

쇼스타퍼에는 벨기에 맥주 리스트가 가장 많다. 벨기에 맥주는 워낙 종류도 많고 맛도 다양해 손님들에게 맥주를 서빙하면서 김기봉 대표가 자세한 설명을 곁들인다. 그는 맥주를 좋아하고 오랜 동안 펍을 운영하다 자연스럽게 맥주에 대해 공부하게 되었다. 그리고 맥주 종류별로 시음하면서 연구를 했다고 한다. 새로 들여놓을 맥주는 손님들 가운데 맥주 마니아로 불리는 10인과 함께 시음회와 품평회를 거쳐 함께 결정한다.

작지 않은 공간인데도 그는 혼자서 펍을 운영하고 있다. 벨기에 맥주를 중심으로 흔하지 않은 다양한 계열의 맥주를 구비해두고 있는데, 아르바이트생들은 손님에게 맥주에 대해 잘 설명하지 못하는 경우가 있어 지금은 직접 모든 것을 운영하고 있다.

쇼스타퍼의 대표 메뉴로는 12년 동안 그의 솜씨로 만든 수제 돈가스와 베이컨 새송이 버섯말이가 있다. 맥주와 어울리는 맛도 좋고 양도 충분해 가벼운 식사로도 좋다. 음악은 70~80년대 음악을 리메이크한 곡을 주로 틀어 젊은 스타일로 옛 음악을 들으면서 맥주를 즐길 수 있다. 큰 테이블 2개를 포함하여 테이블 수는 7개로, 40명 정도 수용 가능하다.

총평 크래프트 비어 펍이 흔하지 않은 미아리 지역에서 다양한 벨기에 맥주와 크래프트 맥주를 즐길 수 있다. 벨기에 맥주에 대한 오너의 설명을 들으면서 맥주 지식을 늘릴 수 있다.

1 화려함을 자랑하는 벨기에 맥주 전용잔들. 2 책장에 다양한 맥주를 회사별, 종류별로 가지런히 진열해 둔 것이 인상적이다. 3 냉장고 안에는 벨기에 대표 트라피스트 맥주인 쉬메이와 에일 맥주인 두체스 드 부르고뉴 등이 보인다.

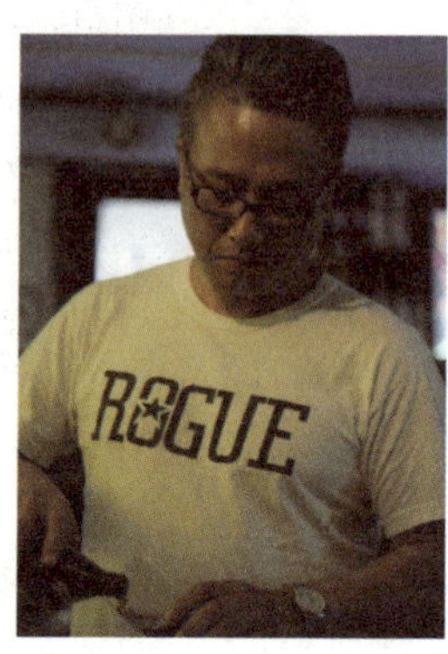

INTERVIEW 김기봉 대표

펍을 시작하게 된 계기는?

12년 전 신촌에서 친구가 맥주 전문점을 하고 있었는데 그를 따라 호기심에 맥주 펍을 시작하게 되었다. 경희대 근처에서 맥주 펍을 운영하다가 7년 전 미아리로 옮겼다. 미아리 토박이라 동네가 편했다. 펍을 오픈할 당시 미아리 지역은 맥주 펍이 거의 없었다. 아마 우리 펍이 이 지역에서 가장 앞서 새로운 맥주들을 소개하고 맛볼 수 있는 곳이다. 상표는 다르지만 맛은 그만그만한 국내 브랜드 맥주에서 벗어나 다양하고 맛 좋은 맥주에 대한 욕심이 생겨 벨기에 맥주 펍을 운영하게 되었고, 마음에 드는 크래프트 맥주도 갖추어 놓았다. 펍 운영은 거의 혼자 한다.

펍의 콘셉트는 무엇인가? 상호인 쇼스타퍼와 관계가 있는가?

미아리 지역에서 진짜 맥주다운 맥주를 마실 수 있는, 언더 그라운드 같은 공간을 만들고 싶다. 특히 최근 창고형 맥주 마켓이 우후죽순 생겨나다 보니 평소 좋아하던 벨기에 맥주 펍으로 특화하였다. 쇼스타퍼는 뮤지컬 용어로 '연기를 제일 잘 하는 사람'을 부르는 말인데, 펍에 오는 손님들이 인생의 쇼스타퍼가 되기를 바라는 마음에서 상호로 정했다.

쇼스타퍼 펍만의 특징이나 좋은 점은 무엇인가?

다양한 벨기에 맥주와 크래프트 맥주를 최상의 상태에서 즐길 수 있도록 하고 있다. 맥주마다 전용 잔을 사용하는 것은 물론이고, 벨기에 맥주의 경우 같은 맥주를 마시더라도 2번 이상은 같은 잔을 사용하지 않는다. 맛이 떨어지는 것을 막기 위해서이다. 또한 초콜릿 향이 나는 포터(Porter)는 초콜릿이 들어 있는 잔에 따른다. 그러면 포터 고유의 맥주 맛이 살아난다. 쇼스타퍼를 찾는 손님들은 연령대가 조금 있는 편이라, 음악은 70~80년대의 노래를 리메이크한 곡을 자주 튼다. 멜로디는 익숙한 70~80년대 음악이지만, 음악 스타일은 젊은 분위기를 느낄 수 있도록 선곡하고 있다.

좋아하거나 추천하고 싶은 맥주가 있는가?

벨기에 맥주인 델리리움Delirium 크리스마스 맥주와 도수가 높고 깊은 풍미를 지닌 벨기에 트라피스트

쇼스타퍼의 대표 메뉴인 수제돈까스와 새송이 베이컨 말이. 신선한 샐러드와 함께 나와 양도 푸짐하다.

맥주인 쉬메이 블루Chimay Blue를 좋아한다. 겨울이라면 11월에 나오는 벨기에의 시즌 맥주인 올드 스톡Old Stock을 추천한다.

펍을 찾아오는 손님의 연령층이나 특징이 있는가?

30대에서 50대의 손님들이 많이 찾는다. 여자 손님도 꽤 많다. 크래프트 맥주의 가격이 조금 높다 보니 경제적 여유가 있거나 PD, 기자처럼 새로운 것에 관심이 많은 이들이 찾는다. 90% 정도는 단골손님들이다. 이 지역은 토박이들이 많이 사는 동네이고, 크래프트 맥주 펍문화가 낯선 지역이라 맥주와 함께 펍문화를 공유한다는 생각으로 손님들에게 맥주에 대한 이야기를 많이 전하려고 애쓰는 편이다. 다만 블로그나 SNS를 통한 홍보는 하지 않는다. 사이버상의 소통보다는 직접 만나는 것을 더 좋아한다.

어떤 펍으로 만들어 가고 싶은가?

생맥주 탭이 20개 정도 걸린 대형 펍으로 키워가고 싶다.

Menu Information

- ▸ 생맥주 코에도 루리 475㎖ 9,000원 밀러 500㎖ 6,000원
- ▸ 병맥주 벨기에 맥주 등 30여 가지 크래프트 맥주 8,500~40,000원
- ▸ 대표 메뉴 돈까스 17,000원 베이컨 버섯말이 17,000원

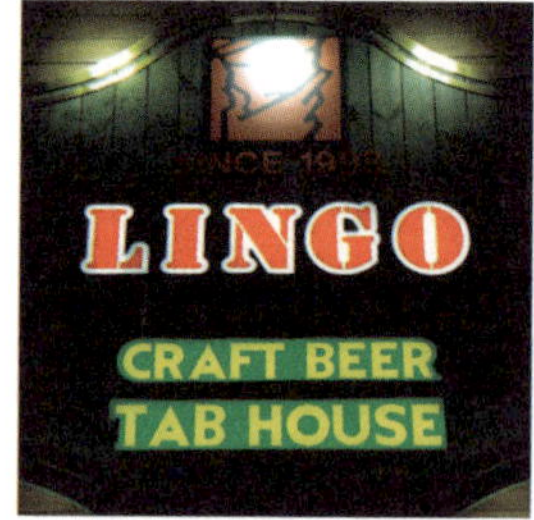

21

크래프트 맥주 최강 리스트를 자랑하는
서울대 명물 펍

링고 1호점
LINGO

Information

▸ 주소 서울시 관악구 대학동 238 – 9번지 지하 1층
▸ 찾아가기 2호선 서울대입구역 6번 출구에서 501번 버스 종점 하차
▸ TEL 02 – 889 – 8792
▸ 페이스북 www.facebook.com/lingopub
▸ 영업시간 18:00~04:00   ▸ 휴무일 1월 1일, 설, 추석 연휴
▸ 1인 평균 예산 20,000~30,000원

★

지하철 2호선 서울대 입구역 3번 출구 방향에서 501번 버스를 타고 종점에서 내려 도보 3분 거리의 대로변에 위치. 1998년 10월 오픈.

서울대 입구역에서 501번 버스를 타고 종점에서 내리면 일명 고시촌이라고 불리는 서울대 동네가 나온다. 이곳에서 17년을 터줏대감처럼 지키고 있는 서울대 명물 펍 '링고'가 있다. 건물 지하의 펍으로 내려가면 17년의 역사를 말해주는 듯 고풍스러우면서도 오랜 전문펍의 내공이 물씬 느껴진다. 펍 입구와 연결된 왼쪽에 기다란 바bar가 자리를 잡고 있고, 뒤쪽에는 10개가 넘는 생맥주 탭과 다양한 전용 맥주잔이 조명을 받아 화려하게 빛나고 있다. 펍의 규모는 상당히 큰 편으로, 18개의 테이블이 널찍하게 배치되어 있어 다른 테이블과의 불편함 없이 편하게 맥주를 즐길 수 있다.

펍의 한쪽에는 LP판이 가득 꽂힌 장이 있어 예전 DJ가 있던 펍을 연상하게 한다. 은은한 조명을 받으면서 옛 모습을 간직한 테이블에 앉으면 나만의 오랜 아지트에서 맥주를 마시는 느낌이 든다.

펍 분위기에서도 느껴지듯 링고는 서울대 앞에서 가장 오래된 펍이자 가장 다양한 맥주를 구비한 펍이다. 또한 기네스가 뽑은 최고의 맥주 맛집으로 여러 번 선정된 곳으로도 유명하다. 대표 이상태 씨는 서울대학교 부근에서 학생들을 대상으로 한 스터디 카페를 운영하다가 IMF 때 경영에 어려움을 겪으면서 폐업까지 생각했다고 한다. 하지만 많은 학생들이 학창 시절 추억의 공간이 없어지는 것에 아쉬워했고, 자신도 그대로 문을 닫는 것에 미련이 많았다. 그러던 차에 종

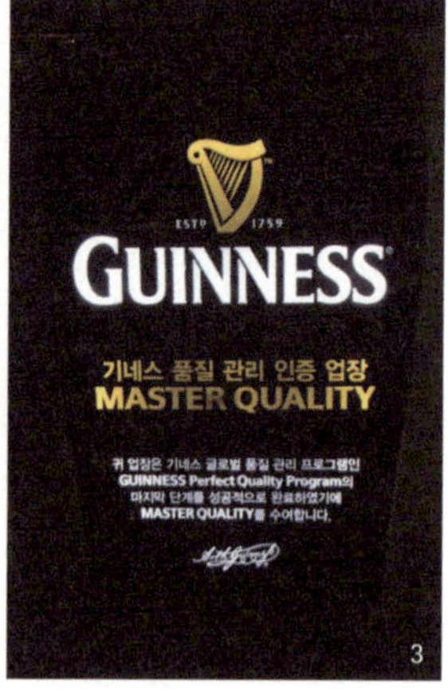

1, 4 오랜 펍의 내공을 보여주는 바. 화려한 장식의 생맥주탭과 전용잔들로 빼곡하다. 2 링고의 DJ박스. LP와 CD가 가득 꽂힌 장과 턴테이블. 3 기네스가 인정하는 최고의 단계를 거치면 수여하는 마스터 퀄리티 어워드. 링고는 마스터 어워드 업장으로, 최고의 기네스 생맥주를 맛볼 수 있다. 5 냉장고에는 벨기에 트라피스트 맥주를 비롯해 에일, 람빅 등 30종 이상의 병맥주 리스트가 있다.

로의 어느 바에서 수입 맥주를 맛본 것이 계기가 되어 맥주 전문펍으로 새로 오픈하였다.

당시만 해도 맥주에 대한 책이 전무하고, 생맥주 맛을 유지 관리하는 시스템도 없어 이상태 대표는 독학하다시피 하면서 배웠다고 한다. 온도와 거품의 비율에 따라 미묘하게 달라지는 맥주 맛을 보면서 이런 저런 시행착오를 거쳐 맥주가 맛있는 집으로 점점 입소문을 타게 되었다.

이상태 씨의 맥주에 대한 애정과 투자도 대단하다. 맥주 스타일 별로 맛을 잘 유지하기 위해 낮은 온도에서 마시는 라거 계열의 맥주와 조금 더 높은 온도에서 마시는 에일 맥주를 보관하는 냉장고를 각각 설치하였다. 링고의 카운터 쪽에는 15개의 생맥주 탭이 있는데, 영국의 런던 프라이드와 아일랜드의 기네스를 비롯하여 IPA 계열과 밀맥주 계열을 10개 정도 가동하고 10여 개의 게스트 탭 형태로 시기에 따라 종류를 달리하며 운용하고 있다. 기네스 본사에서 수여하는 품질관리 최고 등급인 MASTER QUALITY를 받을 정도로 맥

생맥주를 위주로 한 크래프트 비어 펍 링고 2호점. 혼자 또는 둘이서
즐기기 편한 라운드형 바가 특징이다.

주 관리에 대해서는 아주 철저하다. 마스터 퀄리티 업장은 전국에서 15곳만 선정하고 있다. 이 점이 링고의 가장 큰 장점이자 경쟁력이다.

이태원이나 홍대가 아닌 지역에서 생맥주 탭을 10종 이상 운영하는 것도 놀라운데 병맥주도 벨기에 트라피스트 Trappist 맥주 전종, 람빅 Lambic 계열 맥주, 에일 계열 맥주를 중심으로 80종 이상을 갖춰놓고 있다. 수도원 계열 맥주의 경우 빅바틀 위주로 구성되어 있고, 특히 오크통에서 숙성시킨 배럴 에이지드 맥주, 자연발효 맥주인 람빅 등 독특한 맥주가 많은 것이 특징이다. 최근에는 링고 2호점을 서울대입구역에 오픈하였다. 크래프트 맥주 탭하우스로, IPA와 바이스, 라거 등 다양한 맥주를 생으로 즐길 수 있다.

새로운 맥주를 리스트업 하는 데에는 매니저와 의견을 나누고 손님들의 반응을 봐가며 맥주 리스트를 바꾼다.

링고 1호점은 맥주에 대해 관심이 있는 서울대생들이 많이 찾아온다. 맛을 음미하며 시음평을 진지하게 나누는 풍경은 다른 펍에서는 찾아보기 어려운 모습이다. 링고의 메뉴판은 A4판형의 책과 비슷한 크기와 두께로, 다양한 맥주에 대한 이미지와 설명까지 곁들여 놓아 한장 한장 넘겨가며 읽게 된다.

주방은 이상태 씨의 부인이 직접 챙기고 있는데, 큰 나무 도마에 나오는 피자는 푸짐한 양과 맛에 놀라게 된다. 크림 소스를 가득 넣은 빵과 샐러드도 푸짐하고 맛있다. 독특한 유럽식 메뉴도 눈에 띈다. 독일과 프랑스의 경계 지역인 알자스 지방 전통요리인 플람쿠헨, 맥주로 마리네이드하여 바삭하게 튀겨낸 돼지고기 등심요리인 슈니첼, 벨기에식 홍합요리인 물 오 프로마주 블루 등이다. 펍의 테이블 수는 18개, 바를 포함하여 약 80명 정도 수용 가능하다.

17년의 오랜 전통을 자랑하는 고풍스러운 분위기에서 다양한 생맥주와 벨기에 맥주, 크래프트 병맥주를 즐길 수 있다. 오너와 매니저로부터 맥주에 대한 자세한 설명을 들을 수 있기 때문에 맥주 지식을 늘리기에도 좋다.

 이상태 대표

펍을 하게 된 계기는?

1998년 종로 맥주 집에서 사람들이 수입맥주를 얼음에 재워 마시는 것을 보고 일종의 충격을 받아 펍을 시작하게 되었다. 이곳은 원래 스터디 카페였다. 서울대 앞에 명소가 별로 없는데, 옛날 이곳에서 아르바이트를 하던 학생들이 이 장소가 없어지지 않기를 바라는 것을 보고 맥주의 명소로 만들어보자는 생각에서 펍을 열었다. 과거의 흔적을 없애지 않으려고 직접 인테리어를 했고, 테라코타도 손으로 직접 발랐다.

펍의 콘셉트는 무엇인가?

다양한 맥주를 즐길 수 있는 공간을 제공하는 것이 목적이다. 그리고 펍의 고풍스러운 분위기를 그대로 유지하려고 한다. 의자도 1998년 당시에 있던 것을 그대로 사용하면서 전체적인 모습을 바꾸지 않았다. 음악도 60~70년대 곡을 많이 트는 편이다.

링고의 특징이나 좋은 점은 무엇인가?

생맥주 관리에 많은 신경을 쓴다. 4~5년 전부터 3가지의 생맥주 전용 냉장고를 구비하여 사용하고 있다. 맥주의 종류에 따라 냉장고의 온도를 달리하여 보관하고 온도를 조절할 수 있는 냉각기를 사용하는 등 관리에 철저해 생맥주 맛이 좋다. 맥주에 대한 지식이 풍부한 매니저가 손님들에게 맥주에 대한 자세한 설명을 해주는 것도 링고의 장점 가운데 하나다.

크래프트 맥주 펍의 좋은 점은 무엇인가?

다양한 맥주를 시도할 수 있고 맥주에 따라 가스, 온도, 추출 방식 등 다양하게 실험해 보는 재미가 있다. 그리고 맥주에 대한 경험담을 손님에게 이야기 해주고, 새로운 맥주 세계를 알려 주는 보람이 있다.

좋아하거나 추천하고 싶은 맥주가 있는가?

도수가 높은 복 Bock 맥주와 벨기에 여름 맥주 세송 Saison을 좋아한다.

1 칠리불닭과 빠네, 모짜렐라 치즈로 만든 불닭이 빠진 빠네이다. **2** 호리병 모양의 독특한 맥주잔과 받침대로 유명한 벨기에 크왁(Kwak)맥주. **3** 맥주와 궁합이 좋은 플람베.

펍을 찾아오는 손님의 연령층이나 특징이 있는가?

서울대 학생들과 대학원생, 교수들이 많다. 예전에는 90%가 학생이었다면 지금은 30대 초반의 직장인들이 예전보다 늘어났고, 크래프트 맥주에 관심이 있는 사람들이 멀리서 찾아오기도 한다.

어떤 펍으로 만들어 가고 싶은가?

최근 서울대 앞에 2호점을 오픈하였다. 그리고 생맥주 전용 냉장고를 4개로 늘릴 생각이며, 전문 요리사도 채용하여 다양한 크래프트 생맥주를 즐길 수 있는 펍으로 만들 계획이다.

Menu Information

▸ **생맥주** 기네스 350㎖ 8,000원 560㎖ 10,000원 **슈나이더 아벤티누스, 코젤 다크, 올드 라스푸틴, 임페리얼 스타우트, 브루 독, 잭 해머 IPA 외 10여 종**
▸ **병맥주** 벨기에 트라피스트, 람빅, 에일류 등 80여 종, 벨지안 스타일 29종 8,000~33,000원
▸ **대표 메뉴** 플람구헨(플람베) 9,000원~18,000원 **슈니첼** 13,000원 **물 오 프로마주 블루** 15,000원 **토마토 비프 스튜** 13,000원 **치즈 플레이트** 15,000원

오너 셰프의 음식과
크래프트 맥주가 있는 일본식 펍

501

Information

- ▶ 주소 서울시 관악구 봉천 860 - 16. 1층
- ▶ 찾아가기 서울대입구역 6번 출구에서 3분 거리
- ▶ TEL 070 - 8106 - 6260 ▶ 영업시간 17:30∼01:30
- ▶ 휴무일 격주 일요일 ▶ 1인 평균 예산 15,000원

★

지하철 2호선 서울대 입구역 6번 출구에서 도보로 3분 거리로, 큰길에서 약간 안쪽의 골목길에 위치. 2012년 11월에 오픈.

늘 분주한 서울대 입구역. 주변에는 식당이나 고깃집이 많이 눈에 띄는 전형적인 역 주변 풍경인데, 큰 길에서 독도참치 골목길로 접어들면 외관부터 주변 가게들과 차별화된 이자카야풍의 '501'을 만나게 된다. 깔끔한 현관 모습부터 실내 분위기까지 작지만 세련된 느낌의 일본식 펍이다. 안쪽으로 주방이 보이고 왼쪽에 5개의 자그마한 테이블이 가지런히 놓여 있다. 오른쪽의 오뎅 바는 겨울이면 더욱 이색적인 공간으로 변신한다.

'501'은 오너 셰프인 함영재 씨가 하나하나 정성을 들여 직접 만든 공간이다. 짜임새 있는 인테리어와 그림들, 영사기와 스크린, 다양한 DVD 타이틀을 보니 주인의 감각적인 성향이 한껏 묻어나면서도 편안하다. 벽면에는 슈퍼맨 등 흥미로운 일러스트가 몇 점 걸려 있는데, 함영재 대표가 직접 그린 것이다. 전문 일러스트레이터 못지 않은 그림 솜씨를 지닌 그는, 미대를 졸업하고 유명 의류브랜드의 마케터로 일하였다. 501은 20년 정도 직장 생활을 한, 잘 나가던 의류 마케터가 평소 좋아하던 요리를 배우면서 제2의 인생을 시작한 터전이기도 하다.

펍 이름인 '501'이 궁금해 물어보니 LG전자의 전신인 금성에서 1959년 우리나

라 최초로 만든 라디오 모델명이라고 한다. 벽에 걸린 앤티크한 라디오 그림은 501 모델을 보고 직접 그린 그림이라고. 라디오가 텔레비전 보다 감성적이며 상상력을 자아내는 것처럼 펍도 고정된 이미지가 아니라 다양한 공간으로 자유롭게 만들어가고 싶다는 생각을 담아 상호를 501로 정했다.

음악도 직접 선곡하고, 영화를 감상할 수 있는 스크린을 설치 하는 등 맥주를 마시면서 여유를 즐기기 좋은 공간으로 꾸며놓았다. 무엇보다 501의 가장 큰 특징은 일본 요리를 배운 오너 셰프가 만드는 일본식 음식이다. 주 메뉴인 꼬치구이를 비롯하여 연어 샐러드, 츠쿠네^{고기 완자}, 타코 와사비 등 깔끔한 음식을 직접 만들어 서빙한다.

맥주는 주로 일본 대표 크래프트 맥주인 코에도^{COEDO}와 하와이의 코나^{Kona} 맥주를 팔다가 최근 맥주의 종류를 늘렸다. 여기에 잘 어울리는 맛깔스러운 음식이 있어 홀로, 둘이서 오는 손님들이 많다. 또한 서울대입구역은 강남쪽으로 출퇴근하는 직장인들이 많이 거주하는 지역이라 퇴근길에 가벼운 식사를 겸한 맥주 한 잔을 즐기기에도 좋다. 앞으로 크래프트 맥주를 다양화할 계획인데, 혼자서 운영하는 곳이라 욕심 부리지 않고 편안하면서도 감각있는 펍으로 만들어 갈 계획이라고 한다. 테이블 5개와 오뎅 바가 있어 20여 명 정도 수용 가능하다.

총평 깔끔하고 아담한 일본식 선술집 분위기에서 크래프트 맥주와 주인이 직접 만드는 음식을 즐길 수 있다. 음악 선곡이 매우 좋아 혼자, 또는 여럿이서 음악을 들으면서 편하게 맥주를 마실 수 있다.

1 주인이 직접 그린 우리나라 최초의 라디오 '501' 모델의 일러스트가 벽면을 장식하고 있다. 2 다양한 브랜드네이밍으로 그린 일러스트 3 스크린에서 다양한 영화가 상영되어 혼자서도 여유롭게 맥주를 즐길 수 있다.

펍을 하게 된 계기는?

20년 가까이 직장 생활을 하다보니, 이제 내가 하고 싶은 것을 할 나이가 되었다는 생각이 들었다. 원하던 일을 하면서 다채롭게 살고 싶었다. 그래서 평소에 관심이 많은 요리를 배운 후 작은 펍을 열었다.

펍의 콘셉트는 무엇인가? 상호인 501과 관계가 있는가?

맥주가 언제 어디서나 편하게 마실 수 있는 술이듯이 유럽의 펍이나 일본의 이자카야처럼 맥주를 편하게 즐길 수 있는 공간을 만들고 싶다. 서울대입구역 부근에는 소줏집이 많지만 501은 크래프트 맥주 위주로 들여 놓았다. 라디오에서 흘러나오는 음악을 누구나 들을 수 있듯이 501의 공간을 손님들과 함께 만들어가고 싶다. 그래서 상호를 우리나라 최초 라디오 모델인 501로 정했다.

501만의 특징이나 좋은 점은 무엇인가?

일식을 배웠기 때문에 맥주에 맞는 음식을 잘 만든다. 개인적으로 꼬치구이를 좋아하고 맥주와도 잘 어울리기 때문에 여러 가지 꼬치구이를 메뉴로 내놓고 있다. 연어 샐러드의 드레싱도 직접 만든 것이다. 겨울이면 오뎅 바 코너도 여는데, 맥주를 마시기에 좋아 우리 펍의 특징이라고 할 수 있다.

좋아하거나 추천하고 싶은 맥주가 있는가?

일본의 대표적인 크래프트 맥주인 코에도 맥주를 특히 좋아한다. 주류박람회에서 코에도 맥주를 처음 맛보았을 때 유럽 맥주를 일본식으로 정제한 느낌을 받았다. 단골 손님들과 함께 20가지 맥주를 시음했는데, 그 가운데 1위로 뽑힌 맥주가 코에도 맥주였다. 청량감과 홉의 쓴맛이 잘 어우러진 필즈너 맥주 루리^{Ruri}, 에일처럼 홉의 향과 맛이 강렬하면서도 라거의 깔끔한 맛을 지닌 카라^{Kyara}, 밀 맥주 특유의 맛과 향의 밸런스가 좋은 시로^{Shiro}는 모두 우리 펍 안주와 잘 맞아 손님들에게 자신 있게 추천한다. 그리고 트로피컬한 향을 지닌 하와이 코나^{Kona}의 빅 웨이브^{Big Wave}는 여성 취향의 맥주로 연인들 사이에서 반응이 좋다.

맥주와 잘 어울리는 모둠 꼬치와 연어샐러드는 501의 인기
메뉴이다.

펍을 찾아오는 손님의 연령층이나 특징이 있는가?

20대 후반에서 30대 후반의 손님이 주를 이룬다. 음악, 영화나 예술에 종사하는 분들도 많이 찾는다. 왁자지껄한 분위기가 아니기 때문에 조용하게 맥주를 즐기려는 손님들이 많다. 젊은 연인들이 처음 크래프트 맥주를 마시러 오기도 한다. 손님의 반 이상이 단골이다.

펍을 운영하면서 가장 좋은 점은?

여러 사람들을 만나 세상을 넓게 볼 수 있으며, 친구들이나 동창들이 찾아와 추억을 공유할 수 있는 시간을 가질 수 있어 좋다. 삶이 촉촉해지는 기분이 든다.

어떤 펍으로 만들어 가고 싶은가?

맥주의 종류를 늘릴 생각이며, 주 메뉴인 꼬치구이도 현재는 가스불에 굽는데 앞으로 운영이 어느 정도 정착되면 재정비하여 진화하는 모습을 보여주고 싶다.

Menu Information

▸ **생맥주 카스 500㎖** 4,000원 **아사히 500㎖** 8,000원

▸ **병맥주 코나 빅 웨이브** 10,000원 **파이어 록** 10,000원 **코에도 베니아카** 10,000원 **카라** 10,000원 **위드머브라더스 알케미 에일 업히빌 IPA** 10,000원, **레드 훅** 9,000원, **롱 해머 IPA** 10,000원 **트라이세라홉스 더블 IPA** 15,000원

▸ **대표 메뉴 연어 샐러드** 18,000원 **모듬꼬치(8P)** 18,000원 **타코와사비** 9,000원 **츠쿠네** 7,000원

23

맥주 맛도 가격도 착한
동네 펍

노비어 노라이프
No Beer No Life

Information

▶ **주소** 서울시 은평구 갈현동 469 – 5. 지하 1층
▶ **찾아가기** 6호선 구산역 4번 출구에서 3분 거리
▶ **TEL** 02 – 376 – 4320
▶ **영업시간** 17:00〜02:00
▶ **휴무일** 연중무휴   ▶ **블로그** www.facebook.com/NobeerNoLife
▶ **1인 평균 예산** 15,000원

★

6호선 구산역 4번 출구에서 도보 3분 거리로 서오능 방면의 대로변 지하에 위치. 2014년 4월 오픈.

"No Beer No Life" 맥주 없이 인생도 없다? 맥주 없는 인생은 NO? 펍 이름부터 맥주 마니아들의 아지트 같은 분위기가 물씬 풍기는, 갈현동의 완소 크래프트 펍인 노비어 노라이프이다. 홍대나 이태원까지 찾아가서 즐기던 크래프트 맥주 펍이 동네에 하나 둘 생겨나고 있어 반갑던 차에 구산역에 있는 "No Beer No Life" 펍의 이야기를 풍문으로 들었다. 우연히도 최초 맥주 팟캐스트 방송인 "No Beer No Life"와 이름이 같은 것은, 아무래도 맥주 마니아들의 공통된 모토로 적당한 듯 싶다.

구산역 4번 출구를 나와 신한은행 건물에 이르니 'No Beer No Life'의 간판이 크게 보이고, 계단을 따라 지하로 들어서니 생각보다 펍의 규모가 꽤 크다. 긴 테이블과 두 서넛이서 편하게 마실 수 있는 자리까지 테이블도 의자도 다양하게 배치되어 있고 캐주얼하면서도 깔끔한 분위기이다. 펍의 안쪽에는 바와 생맥주 탭이 가지런히 놓여 있고, 바의 옆으로는 맥주 전용 냉장고에 다양한 크래프트 병맥주가 가득해 병맥주를 직접 보고 골라 마실 수도 있다.

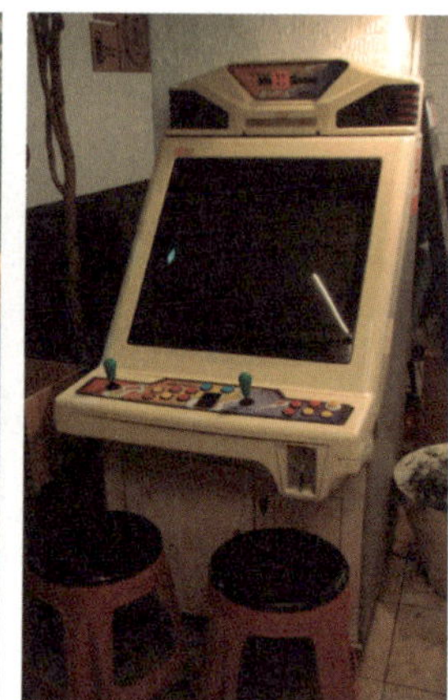

노비어 노라이프는 코리아 브루어리 탭하우스를 표방하고 있어 국내의 마이크로 브루어리에서 만든 독특한 크래프트 맥주들을 생맥주로 즐길 수 있다. 대표적인 플래티넘의 골드, 화이트, IPA, 오트밀 스타우트와 더 테이블의 필스너와 바이젠, 뮤닉 둔켈, 허니브라운 4종은 늘 맛볼 수 있다. 게다가 동네 완소 펍답게 시내의 펍에 비해 착한 가격이라 맥덕으로 불리는 맥주 덕후들에게는 더욱 반갑기만 하다. 기본 생맥주 탭 외에도 스컬핀, 인디카, 산 미구엘 등 다양한 게스트 탭들을 선보이고 있다.

펍의 한쪽에는 아날로그 추억을 불러일으키는 오래된 오락기 2대와 다트를 즐길 수 있는 공간도 있어 편하게 맥주를 즐기기에 그만이다. 노비어 노라이프의 김동하 대표는 갈현동 토박이로, 퇴직한 아버지가 하던 호프집을 그대로 이어받아 크래프트 펍으로 오픈하였다. 이제 1년 남짓하지만, 맛있는 크래프트 맥주와 편안한 가격, 다양한 이벤트를 여는 등의 노력으로 이제는 꽤 많은 이들이 찾는 동네 유명 펍이 되었다.

사실 김동하 대표는 25살 때부터 고려대 근처에서 칵테일과 보드카를 위주로 한 펍을 운영한, 경력 15년차의 펍 오너이다. 노비어 노라이프를 오픈한 것은 아버지가 하던 가게이기도 하고, 지금까지 살고 있는 동네라는 점 때문이었다고 한다. 오랫동안 펍을 운영하고 있지만, 크래프트 맥주에 대해 알게 된 것은 그렇게 오래되지는 않았다고 한다. 이태원의 맥주 펍에서 크래프트 맥주를 맛본 것을 계기로 크래프트 맥주의 다양한 맛의 매력에 빠지면서 맥주 철학을 담아 펍 이름도 'No Beer No Life'로 짓게 되었다.

노비어 노라이프의 가장 큰 장점이라면, 동네에 가까이 있어 편하고 맛있는 맥주를 저렴한 가격에 즐길 수 있다는 점이다. 퇴근길에 가볍게 들러 한잔, 무더워지는 여름 밤 슬리퍼 신고 나와서 편하게 한잔 즐기기 위해서는 동네 펍이 역시 제격이다. 공간도 꽤 넓어 편하고, 요일마다 게스트 맥주를 할인가에 내놓는 Today Sale, 8시 이전 해피아워 할인, 마일리지 카드, 추가 주문시 한치나 나쵸, 소시지, 오징어 등 가벼운 안주류를 5,000원에 내놓는 등 다양한 이벤트와 할인이 있어 이곳을 더욱 자주 찾게 만든다.

음식 메뉴도 다양한데, 매콤한 불닭봉과 치킨앤칩스, 수제 피자, 모둠 소시지, 감자튀김 등 맥주와 잘 어울리는 종류가 가득하다. 고대 펍에서 인기가 많았던 메뉴들인데, 앞으로 새로운 메뉴들을 개발해 내놓을 계획이라고 한다. 테이블 12개로 60인 정도 수용 가능하다.

총평 캐주얼하고 편한 분위기에서 비교적 저렴한 가격에 국내 소규모 양조장의 맥주와 외국의 크래프트 맥주를 즐길 수 있다. 홍대나 이태원, 강남 지역에서 벗어나 크래프트 맥주를 즐길 수 있는 동네 펍으로 활약이 기대되는 곳이기도 하다.

 김동하 대표

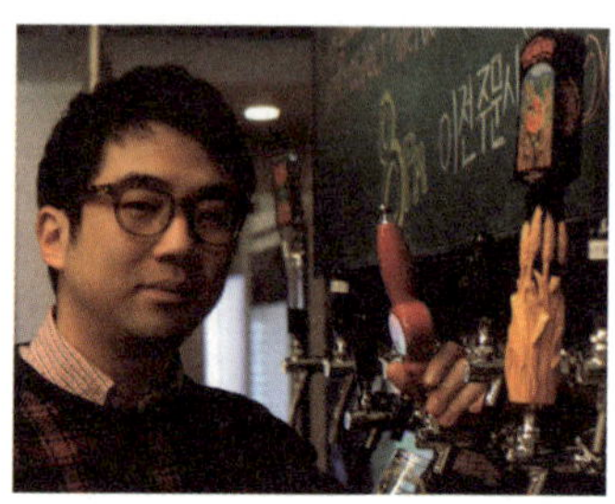

펍을 하게 된 계기는?

조금 이른 나이에 펍을 시작했다. 고려대 근처에서 25살에 처음 펍을 시작하여 지금까지 만 15년을 하고 있다. 지금도 2개의 업장을 운영하고 있는데, 노비어 노라이프와는 다르게 칵테일과 다른 음료를 주로 하고 있다. 이곳은 2년 전 아버님이 정년퇴직하면서 호프집을 시작한 곳이다. 경험이 없는 아버지가 하시다보니 장사가 잘 되지는 않았다. 동네라 애착도 있고 크래프트 맥주에 관심을 쏟던 상황이라 크래프트 맥주 펍으로 새롭게 오픈하였다. 맥주를 좋아했지만 크래프트 맥주를 접하기 전에는 맥주에 대해 잘 몰랐다. 이태원에서 여러 크래프트 맥주를 맛보고 난 후 맥주 종류가 정말 많다는 것을 알았고, 그렇게 시작하게 되었다.

펍의 콘셉트는 무엇인가?

동네 크래프트 맥주 펍이다. 그 전에는 동네에 제대로 된 크래프트 맥주 펍이 없어 가로수길이나 이태원, 홍대로 나가야 했다. 사람들이 하루 일과를 마치고 집에 들어가기 전에 가볍게 맥주 한 잔 할 수 있는 곳을 만들고 싶었다. 처음 No Beer No Life를 오픈하였을 때 동네 사람들이 "젊은이들이 많지 않아 손님이 없을 것"이라고 걱정했지만, 나는 동네에 제대로 맥주를 마실 곳이 없기 때문에 모두들 시내로 나가는 것이고 생각했다. 좋은 펍이 생기면 사람들이 올 거라고 믿었는데, 그렇게 되어 가는 것 같다. 동네 분위기에 맞는 펍으로 만들어가려고 한다.

노비어 노라이프만의 특징이나 좋은 점은 무엇인가?

동네 펍인 만큼 캐주얼한 분위기에서 쉽게 크래프트 맥주를 마실 수 있다는 점이다. 맥주 가격도 다른 펍에 비해 저렴한 편이라 좀더 편하게 즐길 수 있다.

맥주 선별 기준 혹은 맥주 리스트 교체 주기는 어떻게 되는가?

생맥주는 국내 소규모 양조장의 맥주 8개와 5개의 게스트 맥주를 들여 놓았다. 그리고 병맥주는 유명한 맥주들과 중저가의 맥주를 선별하여 판매하기 시작하였는데, 생맥주가 훨씬 많이 나간다. 지역을 고려하여 너무 비싼 맥주는 가져 오지 않는다.

1, 2 맥주에 빼놓을 수 없는 감자튀김과 치킨앤칩스. 넉넉한 양에 가격도 저렴해 인기이다.

펍을 운영하면서 가장 좋은 점은 무엇인가?

무엇보다도 다양한 맥주를 접할 수 있어서 좋다. 그리고 내가 좋아하는 맥주를 다른 사람들이 좋아해주는 것도 즐거운 일이다. 새로운 손님들을 만나는 것도 즐겁다. 동네의 중년층 남녀 주민들이 필스너나 IPA를 찾는 것을 보면서 맥주 취향도 많이 달라지고 있다는 것을 느낀다. 동네의 맥주 문화를 바꿔간다는 생각이 들어 한편으론 뿌듯하기도 하다.

좋아하거나 추천하고 싶은 맥주가 있는가?

국내 맥주로는 플래티넘의 화이트 에일과 더 테이블의 바이젠을 추천한다. 외국의 크래프트 맥주보다 저렴한 가격으로, 꽤 괜찮은 맥주 맛을 즐길 수 있기 때문이다. 수입맥주로는 미국 샌디에고 지역의 크래프트 맥주인 트위스티드 만자니타 에일즈 컴퍼니Twisted Manzanita Ales Company의 프로스텍트 페일 에일Prospect Pale Ale이 좋다.

펍을 찾아오는 손님의 연령층이나 특징이 있는가?

20~40대가 골고루 찾는다. 동네 주민들도 종종 펍을 찾는다. 남녀 비율은 5:5로 비슷하다.

어떤 펍으로 만들어 가고 싶은가?

앞으로도 계속 맥주 공부를 하려고 한다. 손님들에게 좋은 맥주를 선별하여 내놓는, 괜찮은 동네 펍으로 만들어가고 싶다. 음식도 노비어 노라이프만의 콘셉트를 담아 새로운 메뉴를 내놓으려고 한다.

Menu Information

▶ **생맥주** 플래티넘 골드, 화이트, IPA, 오트밀 스타우드 4종 4,500~4,900원 더 테이블(필스너, 바이젠, 둔켈, 허니 브라운) 4,500~4,900원 스컬핀 IPA, 인디카 IPA, 워터메론 위트 에일, 산 미구엘 다크 6,500원
▶ **병맥주** 블루 문, 스컬핀, 빅 아이, 올드 라스푸틴, 듀벨 등 6,000~11,000원
▶ **대표 메뉴** 피자 4종류 7,000~9,000원 **감자튀김** 4,500원 **치킨앤칩스** 17,000원 **모듬소시지** 13,000원

맥주에 감귤, 초콜릿, 커피도 들어간다

맥주와 다양한 첨가물

우리나라에서도 감귤, 꿀, 커피, 인삼 등 다양한 재료들을 넣은 크래프트 맥주들이 선보이고 있다. 기본 재료인 맥아, 홉, 물, 효모에 다양한 첨가물을 넣음으로써 독특한 맛을 만들어내고 있는 것이다. 사실 맥주 제조기술이 그리 발달하지 않았을 때는 맥주의 결점을 보완하기 위해 맥주에 다양한 재료를 첨가하였다. 그리고 맥주 제조기술이 발달한 후에는 독특한 맥주 맛을 내기 위해 다양한 부가물을 맥주에 넣게 되었다.

맥주에 들어가는 부가물은 크게 약초(Herbs), 향신료(Spices), 과일, 기타 부산물로 나눌 수 있다. 때로 개성 있는 맥주를 만들기 위해 홉 이외에 오렌지, 인삼, 생강, 사프란, 주니퍼, 칠리 페이퍼, 코리앤더, 캐모마일, 클로버와 같은 약초나 계피, 코리앤더 씨와 같은 향신료, 또는 배, 체리, 라즈베리와 같은 과일, 그리고 커피, 칠리, 초콜릿 등을 넣기도 한다.

벨기에는 맥주에 다양한 부가물을 넣어 색다른 맥주를 만드는 것으로 유명하다. 벨기에식 밀 맥주에는 코리앤더, 큐라소, 레몬 등의 부가물이 들어간다. 우리나라에서 생산되는 호가든(Hoegaarden)이 대표적인 예이다. 반면 독일은 네 가지 주원료 외에 일체의 부가물을 첨가하지 못하도록 하는 맥주 순수령을 지키고 있다.

왜 병맥주보다
생맥주가 맛있을까?

양조 과정에서 숙성이 끝난 맥주는 여러 가지 형태로 판매된다. 먼저 숙성된 맥주를 여과나 가열처리 과정을 거치지 않고 제품화한 것이 '통(桶) 맥주'다. 보통 캐스크(cask), 즉 나무통에 넣어 판매된다. 다음으로 여과과정을 거친 맥주는 케그(keg), 즉 스테인리스 통으로 판매된다. 마지막으로 여과와 가열처리를 통해 효소나 효모의 활동을 정지시켜 보존성을 높인 병맥주나 캔 맥주의 형태로 판매된다. 따라서 맥주 맛은 캐스크 맥주가 가장 좋고, 그 다음 케그 맥주, 병 맥주, 캔 맥주 순으로 맛이 떨어진다. 잡균을 없애는 여과처리나 열처리 과정에서 맥주에 좋은 미생물도 함께 죽기 때문이다.

통 맥주 상태의 맥주는 맛은 좋지만 발효가 계속 일어나므로 변하기 쉽다. 반면 여과와 살균처리를 거친 병맥주나 캔 맥주는 장기간 보존할 수 있지만 맥주 특유의 맛은 많이 떨어지게 된다.

결론적으로, 맥주는 종류에 관계없이 비(非)여과, 비(非)열처리된 통 맥주가 가장 맛있다. 신선한 통 맥주를 마시려면 맥주양조장을 겸한 펍이나 양조장에서 가까운 펍을 찾아야 한다. 맥주 문화가 발달한 독일이나 영국, 벨기에, 아일랜드의 경우 양조장에서 가까운 펍이나 카페에서 통 맥주를 즐긴다. 영국의 리얼 에일(Real Ale)의 경우, 숙성된 맥주는 여과나 열처리를 거치지 않고 나무통에 넣어 펍으로 보내면 펍의 지하실 셀라(cellar)에서 2차 숙성을 거친 후 손님에게 내놓는다. 영국 펍에서 나오는 리얼 에일이 맛있는 까닭이 여기에 있다. 이러한 통 맥주, 즉 캐스크 맥주야말로 효모가 살아 있는 '생(生)맥주'이다.

미국 크래프트 맥주회사

1. 브루클린 맥주회사 (Brooklyn Brewery)

: 뉴욕주 브루클린(Brooklyn) 소재

1987년 퇴직 신문사 특파원이던 스티브 힌디(Steve Hindy)와 은행원이던 톰 포터(Tom Potter)가 설립하였다. 이후 'I Love New York' 캠페인의 로고를 만든 그래픽 디자이너 밀톤 그레이저(Milton Glaser)가 합류하여 맥주의 패키지 디자인을 맡았다. 처음에는 우티카(Utica)의 맷 양조장(Matt Brewing)에 위탁하여 맥주를 만들다가 1996년 자신들의 양조장을 세웠다. 양조장 건물은 뉴욕에서 100% 풍력으로 전기시설을 갖춘 첫 번째 상업건물로 유명하다.

브루클린의 브루마스터인 가렛 올리버(Garrett Oliver)가 쓴 《브루마스터의 식탁 : 진짜 맥주와 진짜 음식을 즐기는 즐거움의 발견(The Brewmaster's Table: Discovering the Pleasures of Real Beer with Real Food)》은 음식과 맥주에 관한 전문서로 정평이 나있다.

- **브루클린 라거(Brooklyn Lager)** 5.2%, 아메리칸 앰버 라거
- **브루클린 브라운 에일(Brooklyn Brown Ale)** 5.6%, 아메리칸 브라운 에일
- **브루클린 이스트 인디아 페일 에일(Brooklyn East India Pale Ale)** 6.9%, 인디언 페일 에일
- **블랙 초콜릿 스타우트(Black Chocolate Stout)** 10.0%, 임페리얼 스타우트

2. 스머티노즈 맥주회사
(Smuttynose Brewing Company)
: 뉴햄프셔주 포츠마우스(Portsmouth) 소재

1994년 피터 이젤스톤(Peter Egelston)이 포츠마우스와 노스햄프톤의 브루펍으로 정평이 나있던 양조장을 경매로 매입하여 스머티노즈 맥주회사를 만들었다. 회사의 이름은 뉴햄프셔에서 10마일 떨어진 섬, 스머티노즈에서 빌어 왔다. 스머티노즈 맥주회사는 뛰어난 에일과 라거를 가진 지역 양조장으로 성장하였고, 1998년에 계절 한정 맥주인 빅 비어 시리즈(Big Beer Series)를 런칭하였다.

- **숄스 페일 에일(Shoals Pale Ale)** 5.4%, 페일 에일
- **스머티노즈 아이피에이(Smuttynose IPA)** 6.9%, 인디언 페일 에일, 일명 'Finestkind'
- **스타 아일랜드 싱글(Star Island Single)** 4.7%, 벨지언 페일 에일
- **올드 브라운 덕(Old Brown Dog)** 6.7%, 브라운 에일
- **로버스트 포터(Robust Porter)** 6.6%, 포터

3. 레드훅 맥주회사
(Redhook Brewery)
: 워싱턴주 우딘빌(Woodinville) 소재

미국의 북서부에서 가장 오래된 크래프트 양조장인 레드훅 맥주회사는 1981년 스타벅스의 창립자인 고든 보우커
(Gordon Bowker)가 와인업계의 폴 쉽맨(Paul Shipman)을 영입하면서 시작되었다. 레드훅은 1982년 벨기에 스타
일의 에일을 만들었지만 성공하지 못했고, 1984년 발라드 비터(Ballard Bitter)와 1987년 이 회사의 대표 맥주가 된
ESB(Extra Special Bitter)를 만들면서 성장하기 시작하였다. 1989년에 새로운 양조장을 만들었지만 늘어나는 생
산량을 감당하지 못해 1994년 다시 생산시설을 확장하였다. 회사의 일부는 미국의 초대형 맥주회사인 안호이저-부
쉬(Anheuser-Butsh))에 매각하고 배급을 늘였다. 현재 레드훅은 우딘빌과 뉴햄프셔 주의 포츠마우스에서 맥주를
생산하고 있다.

- **레드훅 이에스비(Redhook ESB)** 5.8%, 엑스트라 스페셜 비터
- **롱 해머 아이피에이(Long Hammer IPA)** 6.2%, 인디언 페일 에일
- **레드훅 필스너(Redhook Pilsner)** 5.3%, 체코 필스너

4. 로그 맥주회사
(Rogue Ales)
: 오리건주 뉴포트(Newport) 소재

1988년 3명의 나이키 회사 중역들이 애쉬랜드(Ashland)에 브루펍의 형태로 시작하였다. 1989년부터 뉴포트의 양조장을 책임진 존 마이어(John Maier)가 로그 특유의 독특한 맥주를 만들기 시작하였다. "다양성은 삶의 묘미"라는 맥주 철학을 가진 존 마이어는 맥주에 헤이즐넛이나 초콜릿과 같은 독특한 재료를 넣는가 하면, 몰트의 깊이와 공격적인 홉의 성격이 드러나는 맥주를 만들어내면서 맥주 양조의 혁신을 가져왔다. 현재 로그 맥주회사는 60개 이상의 에일을 생산하고 있다. 또한 유명 셰프와 함께 작업을 하면서 음식과 어울리는 맥주를 만들고 있다. '로그'는 오리건 주 남부를 흐르는 강의 이름이다. 오리건주, 워싱턴주, 캘리포니아주에 브루펍을 두고 운영하고 있다.

- **로그 아메리칸 앰버 에일(Rogue American Amber Ale)** 5.6%, 아메리칸 앰버 에일
- **초콜릿 스타우트(Chocolate Stout)** 6.0%, 초콜릿 스타우트
- **헤이즐넛 브라운 넥타(Hazelnut Brown Nectar)** 6.2%, 아메리칸 브라운 에일
- **모카 포터(Mocha Porter)** 5.3%, 아메리칸 포터
- **데드가이 에일(Dead Guy Ale)** 6.6%, 헬러 복(Heller Bock)

5. 러시안 리버 맥주회사
(Russian River Brewing Company)
: 캘리포니아주 산타 로사(Santa Rosa) 소재

1997년 캘리포니아주 와인 생산 중심지에 위치한 코르벨 샴페인 셀러(Korbel Champagen Cellars)라는 와인 양조장에서 처음 시작되었다. 이후 코르벨이 맥주 양조 사업을 접게 되자 2002년 브루마스터로 일하던 비니 실루조(Vinnie Cilurzo)가 양조장을 인수하여 부인 나탈리(Natalie)와 함께 양조장 겸 레스토랑을 오픈하였다. 러시안 리버 맥주회사는 와인 양조장에서 시작한 관계로, 신맛의 체리와 야생 이스트를 피노 누아 와인 오크 통에서 15개월 숙성시켜 만든 브라운 에일 등 와인과 같은 맛을 지닌 맥주를 생산하는 회사로 알려지게 되었다. 또한 댐네이숀(Damnation)이나 템프테이숀(Temptation)을 시작으로 '~숀(tion)'으로 끝나는 이름을 가진 맥주 라인을 확장하여 지금은 수십 종의 맥주를 만드는 회사로 성장하였다. 주로 신맛의 맥주, 홉의 쓴 맛이 강한 인디언 페일 에일, 도수가 높은 에일 맥주를 생산한다. 또한 브루마스터이자 회사의 대표인 실루조는 홉의 함유량이 높은 더블 인디언 페일 에일(Double Indian Pale Ale)을 최초로 개발하는 등 미국에서 가장 혁신적인 마이크로브루어 가운데 한 명으로 꼽힌다. 2004년 양조장을 리모델링하고 확장하여 지금의 산타 로사로 옮겼다.

- **러시안 리버 아이피에이(Russian River IPA)** 6.75%, 인디언 페일 에일
- **블라인드 픽 아이피에이(Blind Pig IPA)** 6.10%, 인디언 페일 에일
- **프리니 더 엘더(Pliny the Elder)** 8.0%, 인디언 페일 에일
- **댐네이숀(Damnation)** 7.75%, 스트롱 골든 에일
- **템프테이숀(Temptation)** 7.5%, 벨지언 스트롱 브론드 에일

6. 앤더슨 밸리 맥주회사
(Anderson Valley Brewing Company)
: 캘리포니아주 분빌(Boonville) 소재

1987년 데이빗 노플릿(David Norfleet)과 킴 & 켄 알렌(Kim & Ken Allen)이 공동 설립하였다. 처음에는 10배럴을 생산하는 소규모의 브루펍으로 시작하였다. 목표는 뛰어난 에일, 포터와 스타우트를 만드는 것이었다. 1996년 분빌 다운타운에서 1마일 정도 떨어진 곳에 30배럴을 생산할 수 있는 시설을 확충하면서 급성장하였다. 1998년에는 연간 생산량이 15,000배럴에 달할 정도였으나, 2010년 미국음료협회 부회장이었던 트레이 화이트(Trey White)에게 양조장을 매각하였다.

- **분트 앰버 에일(Boont Amber Ale)** 5.8%, 아메리칸 앰버 에일
- **홉 오틴 아이피에이(Hop Ottin' IPA)** 7.0%, 아메리칸 인디언 페일 에일
- **벨크스 이에스비(Belk's ESB)** 6.8%, 엑스트라 스페셜 비터
- **폴리코 골드 페일 에일(Poleeko Gold Pale Ale)** 5.5%, 아메리칸 페일 에일
- **바니 플랫 오트밀 스타우트(Barney Flats Oatmeal Stout)** 5.8%, 오트밀 스타우트
- **썸머 솔스티스 시즈널 에일(Summer Solstice Seasonal Ale)** 5.0%, 시즈널 에일
- **윈터 솔스티스 시즈널 에일(Winter Solstice Seasonal Ale)** 6.9%, 윈터 워머(Winter Warmer)

7. 위드머 브라더스 맥주회사
(Widmer Brothers Brewery)
: 오리건주 포트랜드(Portland) 소재

1985년 쿠르트 위드머(Kurt Widmer)와 롭 위드머(Rob Widmer) 형제가 맥주를 팔면서 시작되었다. 처음에는 알트 비어(Altbier)를 시작으로 독일 스타일의 맥주를 팔려고 계획했지만, 헤페바이젠이 도시에서 가장 많이 팔리는 맥주가 되면서 포트랜드의 생맥주 업계에서 버드와이저를 능가하는 맥주회사가 되었다. 위드머 브라더스 맥주회사는 지역의 홈브루어들과 협력해 만든 맥주를 포함한 다양한 종류의 맥주를 생산하고 있다. 2007년 레드 에일 맥주회사(Red Ale Brewery)와 위드머 브라더스 맥주회사가 공식적으로 합병하여 크래프트 브루어스 얼라이언스(Craft Brewers Alliance)라는 새로운 회사를 만들었고, 2012년에 크래프트 브루 얼라이언스(Craft Brew Alliance, CBA)로 이름을 바꾸었다.

- **알케미 페일 에일(Alchemy Pale Ale)** 5.8%, 아메리칸 페일 에일(APA)
- **드롭 탑 앰버(Drop Top Amber)** 5.0%, 아메리칸 앰버
- **업히벌(Upheaval IPA)** 7.0%, 아메리칸 인디언 페일 에일
- **브르 시즈널 에일(Brrr Seasonal Ale)** 7.2%, 윈터 워머(Winter Warmer)
- **씨트라 브론드 썸머 브루(Citra Blonde Summer Brew)** 4.3%, 아메리칸 브론드 에일

8. 발라스트 포인트 맥주회사
(Ballast Point Brewing & Spirits Company)
: 캘리포니아주 샌디에고(San Diego) 소재

1992년 창업자인 잭 화이트(Jack White)가 맥주 양조장 설립을 위한 자금을 마련하기 위해 홈 브루잉 관련 가게인 홈 브루 마트(Home Brew Mark)를 열고, 4년 뒤 가게 뒤에 발라스트 포인트 맥주회사를 설립하였다. 발라스트 포인트는 지역 랜드 마크의 이름이다. 처음에는 독일 퀼쉬(Kölsch) 스타일로 만든 옐로우 테일 에일(Yellow Tail Ale)의 성공으로 성장하였다. 이후 보다 개성이 강한 맥주를 생산하는 회사로 잘 알려져 있다. 또한 샌디에고에서 최초이자 유일한 마이크로 증류소를 가지고 있어 진, 럼, 보드카, 위스키도 생산한다. 회사의 창업자가 낚시를 좋아하여 맥주 라벨에 물고기의 그림이 그려져 있다.

- **빅 아이 아이피에이(Big Eye IPA)** 7%, 인디언 페일 에일
- **스컬핀 아이피에이(Sculpin IPA)** 7%, 인디언 페일 에일
- **발라스트 포인트 페일 에일(Ballast Point Pale Ale)** 5.2%, 페일 에일
- **칼리코 앰버 에일(Calico Amber Ale)** 5.5%, 앰버 에일
- **패덤(Fathom)** 7%, 인디언 페일 라거
- **도라도 더블 아이피에이(Dorado Double IPA)** 10.0%, 더블 아이피에이

9. 코나 맥주회사
(Kona Brewing Company)
: 하와이주 빅아일랜드(Big Island)
카일루아 코나(Kailua-Kona) 소재

1994년 카메론 힐리(Cameron Healy)와 스푼 칼사(Spoon Khalsa)에 의해 설립되었다. 1998년에는 카일루아-코나 펍을 시작으로 오아후 섬에 차례로 펍을 오픈하였다. 코나 맥주회사는 롱보드 아일랜드 라거(Longboard Island Lager), 빅 웨이브 골든 에일(Big Wave Golden Ale), 파이어 락 페일 에일(Fire Rock Pale Ale)과 같이 연중 생산하는 맥주와 캐스터웨이(Castaway), 코코 브라운(Koko Brown), 와일루아 휘트(Wailua Wheat), 파이프라인 포터(Pipeline Porter)와 같은 계절 맥주인 알로아 시리즈(Aloha Series)를 생산하고 있다.

특히 파이프 라인 포터, 코코 브라운, 와일루아 휘트는 각각 100% 하와이 코나 커피, 코코넛, 트로피컬 패션 프룻(tropical passion fruit)과 같은 하와이 특유의 재료를 사용하여 만들고 있다. 맥주의 이름과 라벨 또한 서핑, 파도, 화산, 폭포, 카누 등 하와이를 연상시키는 이미지로 되어 있어 맥주를 마시면서 하와이의 분위기를 즐길 수 있다.

- **롱 보드 아일랜드 라거(Long Board Island Lager)** 4.6% 아메리칸 페일 라거
- **빅 웨이브 골든 에일(Big Wave Golden Ale)** 4.4%, 아메리칸 브론드 에일
- **파이어 락 페일 에일(Fire Rock Pale Ale)** 6.0%, 아메리칸 페일 에일(APA)
- **캐스터웨이 아이피에이(Castaway IPA)** 6.0%, 아메리칸 인디언 페일 에일
- **코코 브라운 에일(Koko Brown Ale)** 5.5%, 브라운 에일
- **파이프라인 포터(Pipeline Porter)** 5.4%, 포터

10. 노스코스트 맥주회사
(North Coast Brewing Company)
: 캘리포니아주 포트 브랙(Fort Bragg) 소재

한때 재제소와 어업으로 유명하던 해안가 마을에 자리 잡았다. 노스코스트 맥주회사는 1988년 브루마스터인 마크 루에더리히(Mark Ruederich)가 설립하여, 올드 라스푸틴(Old Rasputin)이나 스톡 에일(Stock Ale)과 같은 높은 도수의 독특한 맥주뿐 아니라 레드 실 에일(Red Seal Ale)과 스크림쇼(Scrimshaw)와 같은 섬세한 맥주 스타일로 평판을 얻기 시작하였다. 또한 일반적인 맥주 시장뿐 아니라 유기농 맥주를 만들어 유기농 전문 마켓에 배급을 하는가 하면 벨기에 스타일의 브라더 델로니우스(Brother Thelonious)를 세계 재즈 클럽에 판매하고 있으며, 각 지역의 재즈 페스티벌 공식 스폰서로도 활동하고 있다.

- **올드 라스푸틴(Old Rasputin)** 9.0%, 임페리얼 스타우트
- **올드 스톡 에일(Old Stock Ale)** 11.8%, 올드 에일
- **레드 실 에일(Red Seal Ale)** 5.4%, 아메리칸 앰버 에일
- **스크림쇼(Scrimshaw)** 4.7%, 필스너

종로구

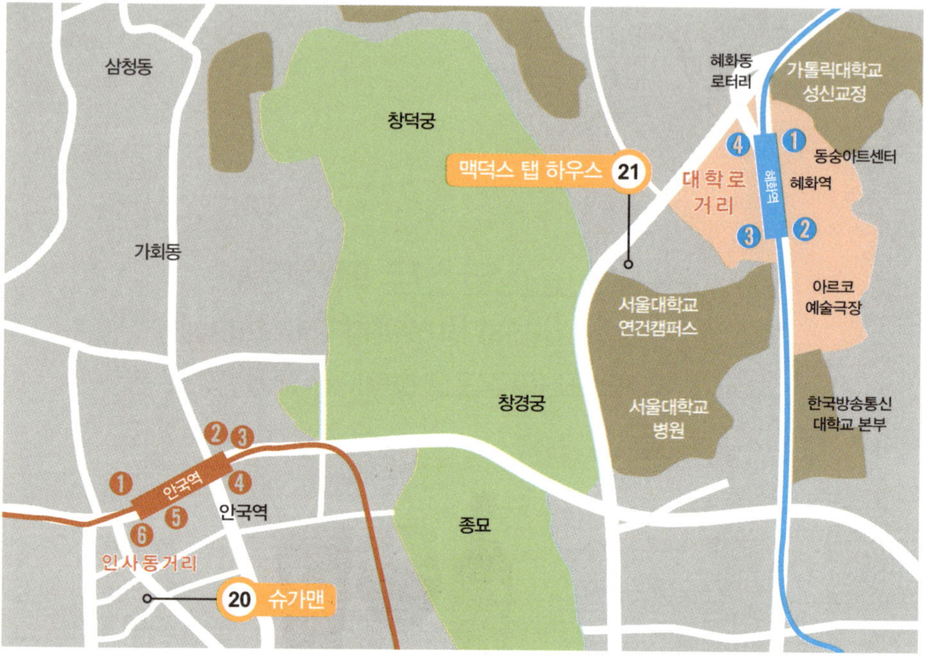
삼청동
창덕궁
혜화동
로터리
가톨릭대학교
성신교정
맥덕스 탭 하우스 21
대학로
거리
혜화역
동숭아트센터
혜화역
가회동
서울대학교
연건캠퍼스
아르코
예술극장
창경궁
서울대학교
병원
한국방송통신
대학교 본부
안국역
안국역
종묘
인사동거리
20 슈가맨

강북구

송중초등학교
롯데
백화점
20 쇼스타퍼
영훈국제
중학교
고등학교
미아사거리역
4호선

6호선
구산
사거리
23 노비어 노라이프
신한은행
구산역
예일여자
고등학교
예일초등학교

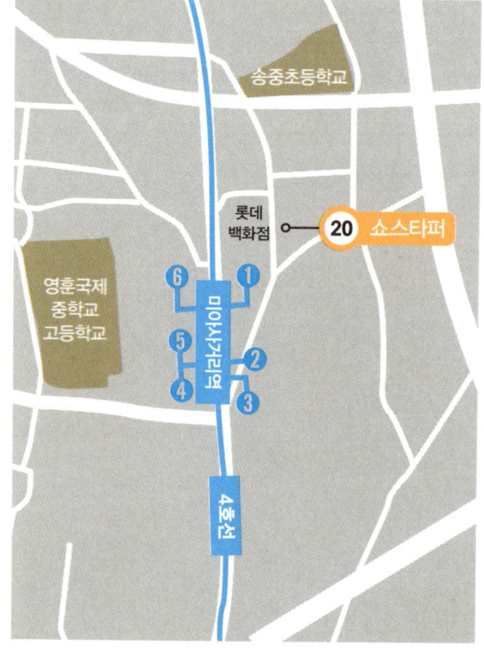

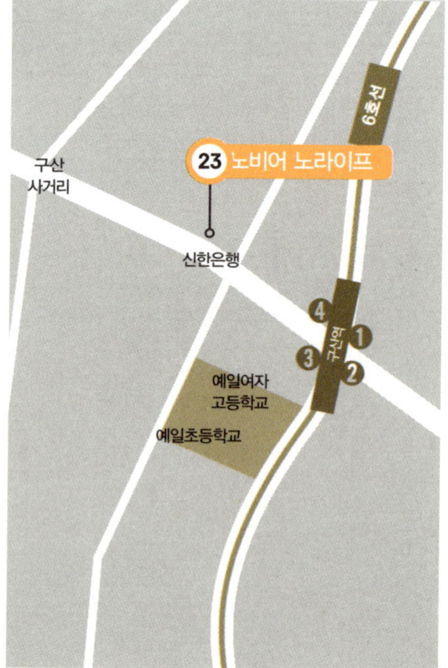

관악구

청룡산
신성
초등학교
신림중학교
링고
23
삼성
고등학교
신림동 우체국
관악산공원
파출소
삼성
초등학교
삼성중학교
서울대입구
교차로
관악산
서울대 정문

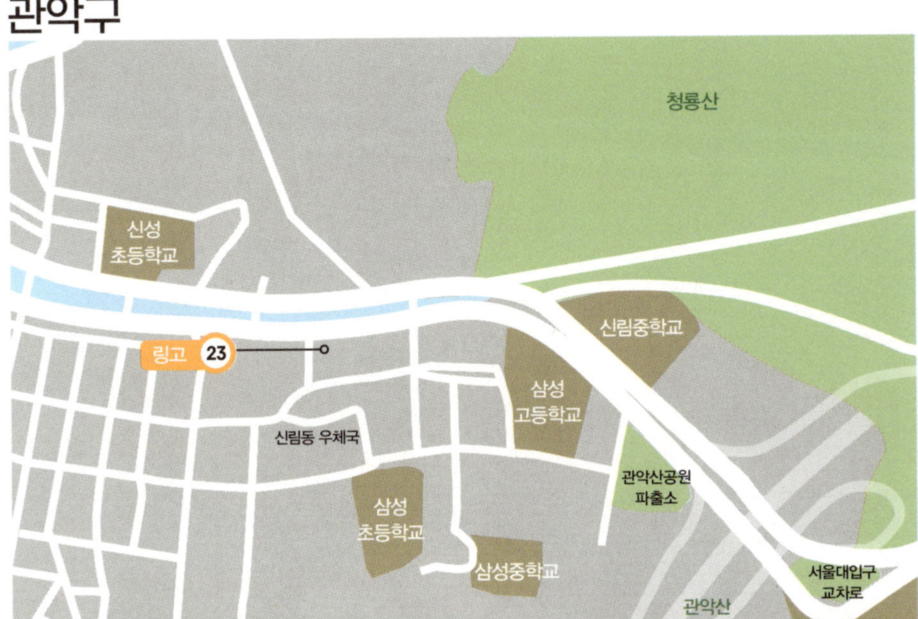

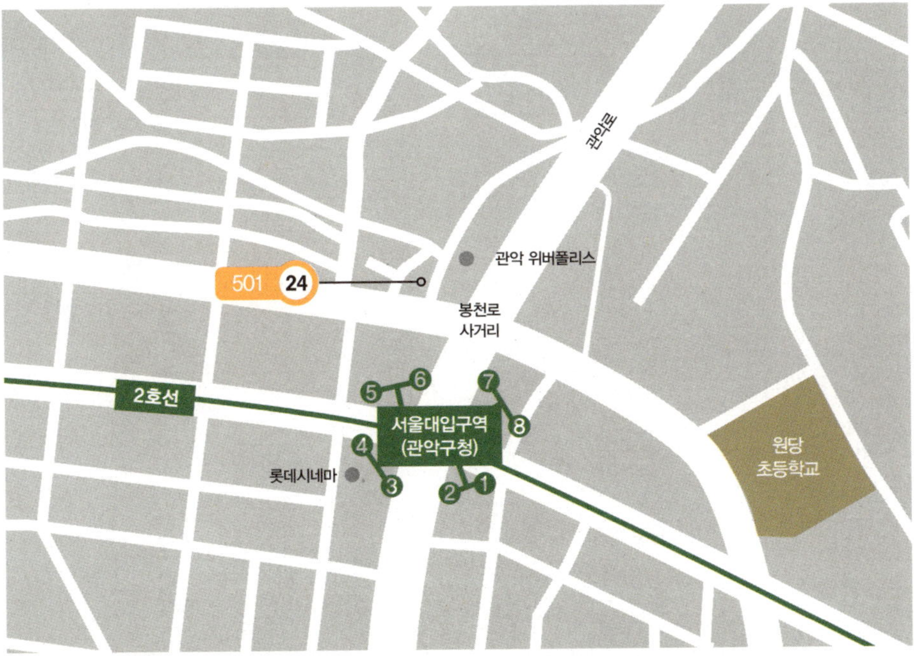
관악로
관악 위버폴리스
501
24
봉천로
사거리
2호선
5
6
7
8
서울대입구역
(관악구청)
4
3
2
1
롯데시네마
원당
초등학교

PART
4

강남

폿당크래프트 비어컴퍼니
가로수 브루잉 컴퍼니
로코 8
밴드 오브 브루어스
그루빙하이

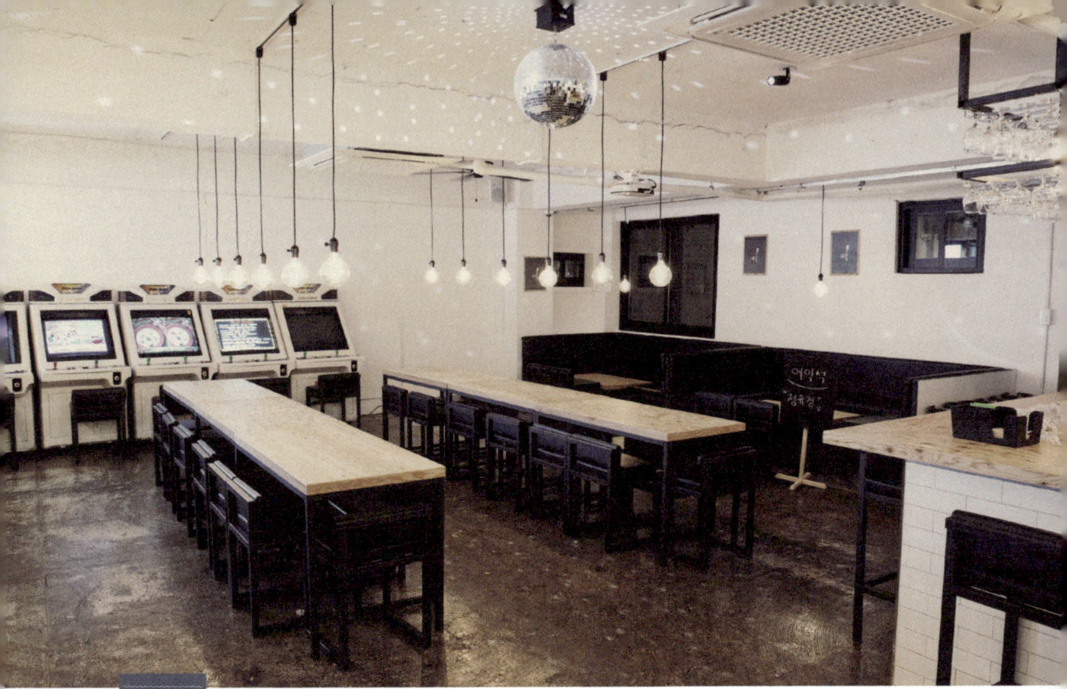

국내 크래프트 맥주와
꼬치구이가 있는 가로수길 펍

퐁당 크래프트
비어 컴퍼니
PONGDANG
CRAFT BEER COMPANY

Information

▸ **주소** 서울시 강남구 신사동 517-6번지, 2층
▸ **찾아가기** 신사역 8번 출구. 첫번째 골목 좌회전 후 직진, 삼거리에서
우회전 직진, 다시 삼거리에서 좌회전해서 80m(국대떡볶이 2층)
▸ **TEL** 02-6204-5513　▸ **홈페이지** www.pongdangsplash.com
▸ **페이스북** www.facebook.com/pongdangcbc
▸ **영업시간** 월~목 : 17:00 ~ 01:00, 금 02:00, 토 16:00 ~ 02:00,
　　　　　　　일 16:00 ~ 24:00
▸ **휴무일** 연중무휴
▸ **1인 평균 예산** 8,000 ~ 15,000원(맥주 1잔, 꼬치 2개 기준)

★

3호선 신사역 8번 출구에서 도보 5분 거리로, 가로수 길에 위치. 2013년 10월 오픈.

신사동 가로수길에 국내에서 생산되는 모든 크래프트 맥주를 맛볼 수 있는 펍이 있다고 해서 찾아가 보았다. 가로수길 초입에서 조금 더 들어가면 중간쯤 퐁당 크래프트 비어 컴퍼니 PONGDANG CRAFT BEER COMPANY라는 조금은 거창한 간판이 보인다. 계단을 올라가다 보면 'Craft Beer란?' 문구와 설명이 보여 크래프트 맥주에 대한 자부심이 느껴진다.

다양한 크래프트 생맥주로 유명한 퐁당 크래프트 비어 컴퍼니(이하 신사퐁당)는 퐁당의 레시피로 위탁 양조한 크래프트 비어와 함께 사계, 파이루스, 크래프트 원 등 국내의 마이크로 브루어리나 펍에서 만든 크래프트 비어, 그리고 외국의 다양한 크래프트 생맥주를 갖춰 놓은 펍이다. 한마디로 국내의 크래프트 생맥주를 한자리에 모은 셈이다. 또한 국내 뿐 아니라 새로운 맥주가 수입되면 어느 펍보다도 빨리 들여놓는 곳으로도 유명하다.

건물 2층 전체를 사용하는 펍은 계단을 중심으로 두 개의 공간으로 나뉘어 있다. 오른쪽 공간은 시원하게 탁 트여 있으며 한쪽에 커다란 바 bar가 있어 혼자

서도 맥주를 마시기에 편하다. 창을 향해 앉도록 만들어진 바 형태의 긴 테이블에서는 바깥 풍경을 보면서 맥주를 즐길 수 있다. 그리고 펍의 중간에는 다양한 모양의 테이블을 배치해 놓아 두세 명이 맥주를 마시기도 좋고 회식을 하기도 좋다. 전체적으로 펍의 분위기는 깔끔하면서도 활달하다.

안쪽의 벽면에는 오락기 다섯 대가 나란히 놓여 있어 눈길을 끄는데, 맥주를 마시며 잠깐의 오락을 즐길 수 있어 재미를 더한다. 이승용 대표가 2010년 뉴욕의 크래프트 맥주 펍에 갔을 때 오락기가 놓여 있는 것을 보고 아이디어를 얻어 적용한 것이라고 한다.

펍의 다른 한쪽 공간에는 유리 가림막으로 된, 꼬치구이를 굽고 음식을 준비하는 주방과 많은 사람이 앉을 수 있는 커다란 테이블이 놓여 있다. 꼬치구이는 신사퐁당이 자랑하는 대표 메뉴이다. 맥주와 잘 어울리는 꼬치구이를 펍 안에서 굽는 모습도 보고, 골라 주문할 수 있어 재미있다. 유리 가림막이라 굽는 모습은 보이지만 연기는 펍 안으로 빠지지 않도록 만들어져 있다.

신사퐁당의 또 다른 특징은 길다란 바 bar와 벽면에 걸려 있는 맥주탭이다. 바

신사퐁당의 명물 안주인 꼬치구이. 펍 한쪽에 유리 가림막으로 된 주방에서 꼬치를 구워낸다.

의 의자에 앉으면 안쪽 벽면으로 'LOVE BEER'라는 네온사인이 보이고, 그 아래에 20개의 맥주 탭이 깔끔한 디자인으로 가지런히 걸려 있다. 신사퐁당의 대표 맥주들은 이승용 대표의 레시피로 마이크로 브루어리에 위탁 양조한 것이다. 오렌지의 달콤하고 쌉싸름한 맛과 포도, 레몬의 상큼함을 느낄 수 있는 벨지안 브론드에일, 한 가지 홉으로만 만든 싱글 홉 시리즈의 맥주, 에스프레소의 깊고 고소한 맛과 초콜릿의 풍미가 살짝 어우러진 에스프레소 스타우트와 자몽, 오렌지, 망고, 파인애플같은 열대과일 맛이 나면서 쌉사름한 IPA, 라거를 아메리칸 스타일로 재해석한 홉 라거HOPE LAGER, 밀맥아를 쓰지 않고 바이젠 효모로 발효한 페이크 바이젠FAKE WEIZEN 맥주 6종류가 있다. 이 외에도 좀더 스페셜한 맥주를 맛보려면 이태원 경리단길에 오픈한 '메이드 퐁당'에 가면 된다.

그리고 국내 생산한 크래프트 비어인 맥파이의 에일과 이태원 사계의 에일을 비롯하여 국내 소규모 양조장인 서울 안암동 히든트랙, 충북 음성 코리아 크래프트 브루어리, 남양주 핸드앤몰트 브루어리, 부산 광안리 갈매기 브루어리, 부산 기장 아키투 브루어리, 울산 화수 브루어리, 대전 바이젠하우스의 맥주를 생맥주로 맛볼 수 있다. 이외에도 스코틀랜드 크래프트 맥주회사 브루독Brew Dog, 미국 크래프트 맥주회사 발라스트 포인트Ballast Point, 업라이트 브루잉Upright Brewing와 덴마크 크래프트 맥주회사 미켈러Mikkeler와 투올To Øl의 맥주도 판매하고 있다.

바의 오른쪽 면에는 새로 들어온 크래프트 맥주의 리스트가 가지런히 붙어져 있다. 병맥주는 한국에 새로 수입되는 20여 가지 크래프트 맥주를 계속 업데이트하여 맥주 애호가들이 새로운 맥주를 맛보기 위해 많이 찾는다.

이승용 대표는 2011년 용산에서 맥주창고형 펍인 비어퐁당을 시작한 이후 2013년 가로수길에 신사퐁당을, 2014년 경리단길에 메이드 인 퐁당을 차례로 열었다. 맥주에 대한 이승용 대표의 애정은 꽤 오래되었다. 17년 전 대학생으로 펍에서 아르바이트하면서 미국의 크래프트 맥주인 사무엘 아담스 보스턴 라거를 맛본 것이 시작이었다. 이후 맥주에 대해 관심을 가지며 여러 수입 맥주를 찾아 시음하고, 2012년 말부터 맥주 동호회인 비어포럼에서 활동을 하며 직접 맥주를 만드는 홈브루잉을 시작하였다.

13종의 꼬치 외에 완도 특송 문어숙회, 숯불 삼겹살 특제소스 샐러드, 숯불 떡갈비 미니 버거 등 맥주에 어울리는 한국 음식 메뉴를 선보이는 것도 독특하다. 한국 음식이 향과 맛이 강해 에일 맥주와 어울리지 않는다는 편견이 있는데, 이를 없애기 위해 한국 요리를 이승용 대표 나름으로 재해석하여 메뉴로 내놓고 있다. 80인 정도 수용 가능하며, 행사 시에는 100명 정도 들어갈 수 있다.

 시원하게 탁 트인 공간에서 국내 소규모 양조장의 맥주를 비롯한 다양한 크래프트 맥주와 주방에서 직접 굽는 숯불 꼬치구이를 즐길 수 있다. 분위기가 캐주얼하여 혼자 오거나 여럿이서 와도 편하게 맥주를 마실 수 있다.

1 신사퐁당에서 만든 크래프트 맥주. 2 펍 곳곳에 '음주'를 독려하는 문구를 써두어 재미를 더한다. 3 기다란 바의 정면에 쓰여진 'LOVE BEER'란 글자는 오너의 맥주 사랑을 잘 보여준다. 4 펍한쪽에 5대의 오락기가 나란히 있다. 오락을 하며 즐겁게 맥주를 마실 수 있도록 배려한 코너.

<table><tr><td>**INTERVIEW**</td><td>이승용 대표</td></tr></table>

펍을 하게 된 계기는?

현재 맥주 관련 매장 3곳을 운영하고 있다. 맥주를 좋아하여 2011년 집 근처의 용산에서 맥주를 싸게 마실 수 있는 맥주 창고 스타일의 용산 Beer Pongdang을 오픈하였다. 국내에 크래프트 맥주가 소개되던 시점과 맞아 운 좋게 비즈니스에 성공하였다. 그 후 크래프트 전문 맥주집이 하나 둘 생겨나면서 가로수 길에 크래프트 맥주 전문점인 Pondang Craft Beer Company를 오픈하였다. 그리고 이어 경리단 길에 Made In Pong Dang 펍을 새로 만들어 직접 만든 맥주를 판매하고 있다. 크래프트 맥주에 대한 관심이 높아지는 시점에 펍을 열어 운이 좋았다고 생각한다. 'Pongdang'은 예전부터 경영해오던 홍보 회사의 이름이다.

신사퐁당의 콘셉트는 무엇인가?

국내의 여러 마이크로 브루어리에서 만든 크래프트 맥주를 모두 맛볼 수 있는 것이 우리 펍의 콘셉트이다. 나의 맥주 레시피로 만든 크래프트 맥주뿐 아니라 국내 소규모 크래프트 비어인 사계와 파이루스 등의 맥주를 주로 판다. 또한 국내에 수입되는 독특한 스타일의 크래프트 맥주를 가장 빨리 들여와 손님들에게 선보인다. 새로운 맥주 리스트는 페이스 북에 공지한다.

신사퐁당의 특징이나 좋은 점은 무엇인가?

국내 크래프트 맥주를 맛볼 수 있고, 한국에 수입되는 크래프트 맥주를 가장 빨리 접할 수 있다. 그리고 가스트로 펍까지는 아니지만 푸드 페어링에도 매우 신경을 쓴다. 맥주는 바비큐가 잘 어울리기 때문에 펍의 한쪽에 숯불 꼬치구이 주방을 따로 마련했다. 맥주마다 어울리는 음식의 맛이 다르기 때문에 한 접시에 담아 나가는 모둠 꼬치구이보다 각 맥주에 맞는 단품 꼬치구이를 권한다. 때로 문어숙회 등 실험적인 음식도 내놓는다.

신사퐁당의 문어숙회. 한국 음식과 크래프트 맥주의 조화를 찾는 메뉴를 내놓고 있다.

맥주 리스트는 어떻게 정하나?

국내의 소규모 양조장에서 만드는 다양한 맥주는 지속적으로 들여 놓고 있다. 독특한 수입 크래프트 맥주가 있으면 어느 펍보다도 먼저 들여와 손님들에게 선보이고 있다.

펍을 운영하면서 가장 좋은 점은 무엇인가?

좋아하는 다양한 종류의 맥주 리스트를 구비해 놓을 수 있다는 점, 그리고 맥주 마니아로서 늘 새로운 맥주를 마음껏 맛볼 수 있다는 점이 가장 좋다.

좋아하거나 추천하고 싶은 맥주가 있는가?

미국 크래프트 양조장 중 벨기에와 프랑스의 Farm House Ale을 오픈 발효하는 오레곤 포틀랜드의 업라이트 브루잉 Upright Brewing의 맥주를 좋아한다. 강하고 거친 크래프트 맥주에 지친 사람들에게 부드러우면서도 복잡한 맥주 맛을 선사한다.

펍을 찾아오는 손님의 연령층이나 특징이 있는가?

20대 후반에서 40대 초반의 손님들이 많이 온다. 동네 사람들도 자주 찾는 편이다.

어떤 펍으로 만들어 가고 싶은가?

좋은 맥주는 사람들을 모이게 한다. 좋은 맥주를 파는 곳으로 만들고 싶다.

Menu Information

▸ 생맥주 퐁당 벨지안브론드 에일 5,900원 퐁당 싱글홉 페일 에일 6,400원 퐁당 에스프레소 스타우트 6,900원 코리아 크래프트 브루어리 JJ 에일, 사계, 갈매기, 코로나도 아일랜더 IPA, 슈나이더 운저 아벤티누스 등 6,900~11,900원
▸ 대표 메뉴 각종 꼬치(총 13종) 1,400 ~ 4,400원 꼬치 7종 세트 17,900원 문어숙회 17,900원 숯불 삼겹살 특제소스 샐러드 12,900원 숯불 바비큐 포 11,900원 숯불 떡갈비 미니버거(3pc) 9,900원

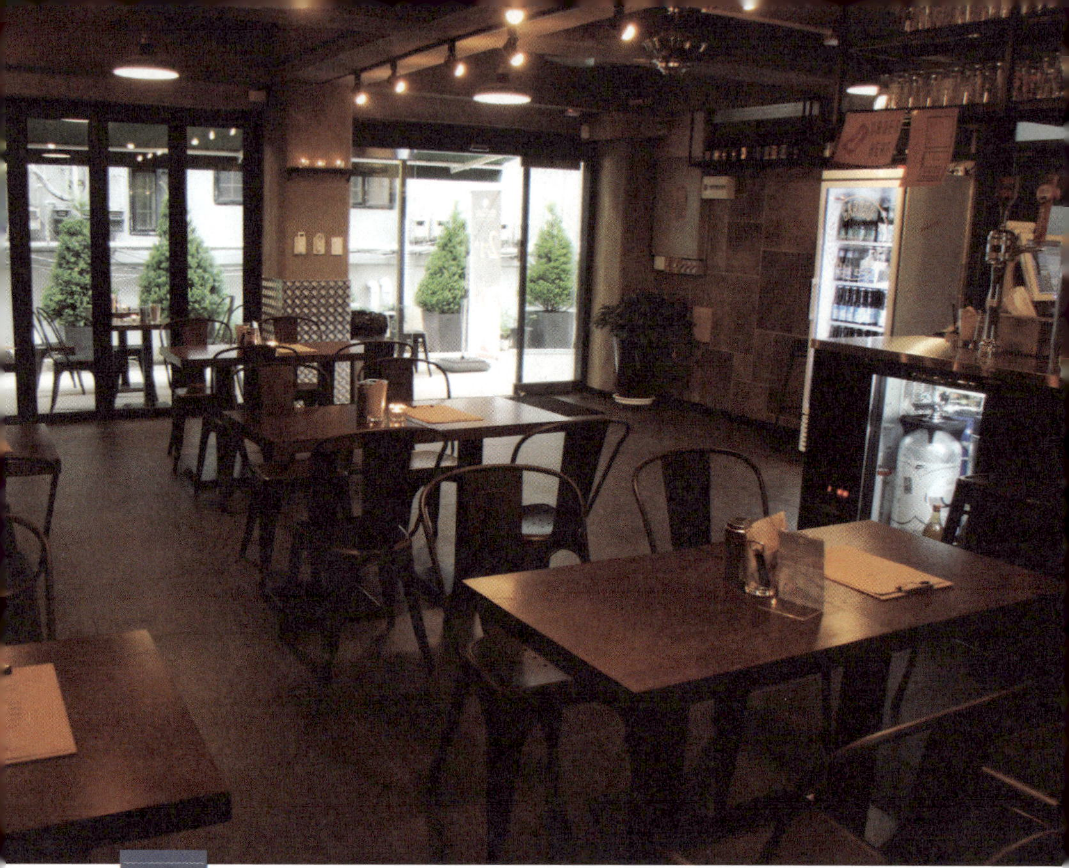

25

가로수길 마이크로 브루어리 꿈꾸는 브루잉 펍

가로수 브루잉 컴퍼니

GAROSU BREWING CO.

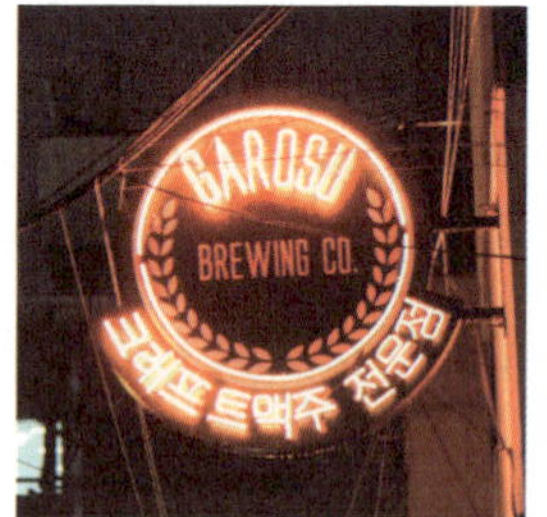

Information

- **주소** 서울시 강남구 신사동 518-13, 1층
- **찾아가기** 3호선 신사역 8번출구에서 도보 7분, 가로수길 안쪽 20미터
- **TEL** 02-515-8962 ▸ **영업시간** 17:0~01:30
- **휴무일** 추석, 설날 당일 ▸ **1인 평균 예산** 15,000원

★

지하철 3호선 신사역 8번 출구에서 도보 7분 거리로, 음식점과 술집이 즐비한 가로수길 안쪽 20m에 위치. 2014년 7월 오픈.

카페와 옷가게, 트렌디한 가게들이 늘어선 가로수길. 중간쯤에서 살짝 안쪽 골목으로 들어오면 주택가 초입에 가로수 브루잉 컴퍼니라는 간판이 보인다. 짙은 회색으로 외관을 꾸민 이곳은 가로수 길에서 살짝 벗어나있어 조용하고 차분한 분위기다. 골목의 빌라 1층을 개조한 펍이라 외관부터 가정집 분위기의 편안함이 묻어난다.

펍 입구의 작은 마당에는 테이블이 있어 날씨 좋은 날 여럿이 함께 맥주를 마시기에 좋다. 펍 안쪽으로 들어가면 테이블이 질서정연하게 놓여 있어 전체적으로 깔끔하고 캐주얼한 분위기다. 바^{bar}에는 생맥주 탭들이 여럿 걸려 있고 주방과 카운터는 바닥이 약간 올라간 공간에 위치해 있다.

가로수 브루잉 컴퍼니는 오픈한 지 오래지 않은 펍이다. 하지만 걸려있는 생맥주탭이나 판매하는 맥주 리스트는 내공이 만만치 않다. 대표인 조성용 씨가 오랫동안 홈브루잉을 해왔고, 맥주에 대한 지식과 애정도 가득하기 때문이다.

그는 맥주는 물론이고 전통주 등 여러 술에 관심이 많아 오랫동안 직접 만들고 여러 교육기관에서 배워왔다. 신사동에 펍을 차린 것은, 살던 동네에서 그동안의 경험을 살려 독특한 맥주를 만들고 싶었기 때문이라고 한다.

조만간 가로수길에서 만드는 '가로수길 맥주'를 선보일 예정이다. 지금 독일에서 들여올 양조 시설을 설치하기 위해 펍 확장 공사 중인데, 7~8월이면 가로수 브루잉에서 만든 '신사 라거'와 '가로수 포터' 등을 맛볼 수 있다. 양조기술을 살려 질 좋은 수제맥주를 만들 생각으로 펍의 이름도 가로수 브루잉 컴퍼니로 정했다. 좋은 수제맥주를 손님들에게 합리적인 가격에 내놓는 것이 앞으로의 목표이다. 필스너, IPA 등 다양한 맥주가 있는 브루잉펍으로 변모할 것같다.

가로수 브루잉 컴퍼니는 생맥주 맛이 특히 좋은데, 홈브루잉 경험을 살려 생맥주의 관리를 철저하게 하기 때문. 그 한 예로 바^{bar} 아래에 에일 전용 냉장고와 라거 전용 냉장고를 따로 설치해 온도를 다르게 보관한다. 라거 계열 맥주는 3~4도, 에일 계열 맥주는 이보다 높은 온도에서 마실 때 가장 맛있기 때문이다. 그리고 생맥주 관을 청소할 때 100% 살균처리 하는 등 위생에도 신경을 쓰고 있다.

현재 생맥주로는 코에도^{COEDO}의 밀맥주 시로^{Shiro}와 인디언 페일 라거^{Indian} ^{Pale Lage} 계열의 카라^{Kyara}, 그리고 홉의 진한 향과 맛을 느낄 수 있는 발라스트 포인트^{Ballast Point}의 스컬핀^{Sculpin} IPA, 알코올 도수 8%의 묵직한 맛을 지닌 벨기에의 트라피스트^{Trappist} 맥주 쉬메이 화이트^{Chimay White} 등이 있다.

병 맥주로는 하와이 코나^{Kona}의 빅 웨이브^{Big Wave}, 스코틀랜드 크래프트 맥주 회사인 브루 독^{Brew Dog}의 펑크^{Punk} IPA와 발라스트 포인트의 빅 아이^{Big Eye}, 미국 서부 크래프트 맥주 회사인 노스 코스트^{North Coast}에서 만든 알코올 도수 9도의 올드 라스푸틴^{Old Rasputin} 러시안 임페리얼 스타우트^{Russian Imperial Stout} 등의 크래프트 맥주를 구비하고 있다.

안주도 맥주와 잘 어울리는 수제 베이컨 스테이크, 페퍼로니 피자 등이 있다. 좋은 재료로 만든 음식이라 맥주의 맛을 더한다. 테이블 수는 실내 7개, 실외 1개, 25명 정도 수용 가능하다.

총평 주택을 개조하여 편안한 느낌이 들며, 깔끔하고 캐주얼한 분위기에서 다양한 크래프트 맥주를 즐길 수 있다. 오너가 맥주 지식과 홈 브루어링 경험이 많아 맥주에 대한 상세한 설명을 들을 수 있다.

펍을 시작하게 된 계기는?

예전부터 술에 대한 관심이 많아 전통주, 증류주, 와인과 맥주 등 여러 종류의 술 양조법을 배우고 직접 만들어 보았다. 그 가운데 맥주 양조는 과학적이면서 무척이나 재미있어 가장 매력을 느꼈고, 홈 브루어링도 많이 해보았다. 몇 년 전부터 펍을 만들기 위해 구체적으로 준비했고, 고향이나 다름없는 신사동에 펍을 열게 되었다. 이곳에 마이크로 브루어리를 만들 계획으로 펍 이름도 가로수 브루잉 컴퍼니로 정했다.

펍의 콘셉트는 무엇인가?

많은 사람들이 합리적인 가격으로 크래프트 맥주와 맛있는 안주를 즐기고 맥주 이야기를 나눌 수 있는 공간을 만들고 싶다.

가로수 브루잉 컴퍼니만의 특징이나 좋은 점은 무엇인가?

생맥주를 철저히 관리하여 생맥주의 맛이 좋다. 에일 전용 냉장고와 라거 전용 냉장고를 따로 만들었으며, 맥주 종류별로 온도를 다르게 설정하여 보관한다. 그리고 최상의 식재료로 만든 안주 또한 우리 펍의 장점이라고 할 수 있다.

창업 전 생각했던 것과 가장 다른 부분은 무엇인가?

생각했던 것보다 크래프트 맥주가 대중화되지 않은 것 같다. 그리고 크래프트 맥주의 공급가가 약간 부담스러운 면이 있어 펍을 운영하는 사람이 손해를 감수해야 하고, 소비자는 다소 부담스러운 가격을 지불하면서 맥주를 즐겨야 하는 현실이 조금 아쉽다.

맥주 선별 기준 혹은 맥주 리스트 교체 주기는 어떻게 되는가?

개성이 강하고 손님들에게 감흥을 줄 수 있는 맥주 위주로 선별하였다. 그리고 내가 만들고 싶은 맥주, 혹은 존중할 수 있는 맥주로 리스트를 교체하고 있다.

맥주와 잘 어울리는 피자와 케이준 프라이, 수제베이컨 스테이크.

크래프트 맥주 펍의 좋은 점은 무엇인가?

크래프트 맥주는 심미한 미각의 세계를 느끼게 해 준다. 이런 맥주의 세계를 공감할 수 있는 사람들과 대화할 수 있는 것이 삶의 즐거움이 아닐까?

좋아하거나 추천하고 싶은 맥주가 있는가?

코에도의 카라를 아주 좋아한다. 맛의 밸런스가 좋고 깔끔한 피니쉬를 가진 인디언 페일 라거 Indian Pale Lager(IPL)로 손색이 없다. 그리고 발라스트 포인트의 스컬핀도 좋아한다. 상당히 정교한 홉의 씁쓸한 맛이 인상적이고 과도한 홉 향이 매력적이다. 코나의 빅 웨이브는 하와이 맥주 특유의 트로피컬한 향과 깔끔한 느낌이 좋아 여성들에게 많이 권한다.

펍을 찾아오는 연령층이나 특징이 있는가?

20~40대의 얼리 어댑터가 많이 찾는다. 남녀의 비율은 3:7 정도이다.

어떤 펍으로 만들어 가고 싶은가?

펍을 확장하여 직접 맥주 양조를 할 수 있는 시설을 만들고 있다. 앞으로 직접 만든 질 좋은 크래프트 맥주를 합리적인 가격에 선보이게 될 것이다. 맥주 이름도 '신사 라거', '가로수 포터'라고 네이밍하였다. 가로수길 하면 떠올릴 수 있는 고유한 펍으로 만들고 싶다.

Menu Information

▶ **생맥주 발라스트 포인트 스컬핀** 500㎖ 12,000원 **코에도 시로** 300㎖ 7,000원 500㎖ 10,000원 **로스트 코스트 워터멜론** 12,000원 **쉬메이 화이트** 18,000원

▶ **병맥주 코에도 베니아카** 8,000원 **코나 빅 웨이브** 8,800원 **발라스트 포인트 빅 아이** 8,900원 **브루 독 5A.M** 95,000원

▶ **대표 메뉴 케이준 프라이** 6,000원 **베이컨 스테이크** 8,000원 **소시지** 9,000원 **피자** 15,000~18,000원

26

뉴욕스타일 음식과 맥주
멋진 테라스가 돋보이는 청담동 게스트로 펍

로코8

Loco8

Information

- ▶ **주소** 서울시 강남구 청담동 50-13. 영천영화 빌딩. 5층
- ▶ **찾아가기** 7호선 청담역 9번 출구에서 청담사거리 200미터.
  일리악골프 골목 150미터
- ▶ **TEL** 02-3446-8887 ▶ **홈페이지** loco8.tistory.com
- ▶ **페이스북** www.facebook.com/loco8.gastropub
- ▶ **영업시간** 평일 17:00~02:00 금, 토 17:00~04:00 일 17:00~24:00
- ▶ **휴무일** 추석, 설날 당일 ▶ **1인 평균 예산** 20,000원~

★

지하철 7호선 9번 출구에서 도보 10분 거리로, 청담사거리 부근의 영천영화 건물 5층에 위치. 2014년 5월에 오픈.

청담동 고급 의류점과 가구점이 들어서 있는 청담동 대로에서 골목으로 살짝 들어가면 건물 입구에 로코 에잇 로코8의 간판이 눈에 들어온다. 5층에 자리 잡은 이곳은 고급스러운 느낌의 게스트로 펍이다. 가스트로 펍이란 고급 음식과 맥주를 즐길 수 있는 펍을 말한다.

엘리베이터에서 내려 자동문을 열고 펍 안으로 들어가면 탁 트인 공간에 테이블과 의자, 조명 등 고급스러운 분위기가 마음을 사로잡는다. 총 88평으로, 펍의 규모로는 꽤 크다. 독립된 공간도 있고, 가운데 긴 바와 곳곳에 테이블을 센스있게 배치해서 어느 자리에 앉더라도 색다른 분위기에서 맥주를 마실 수 있다. 여럿이서 오거나 혼자 또는 두세 명이서 편안하게 맥주를 즐길 수 있는 테이블도 다양하게 마련되어 있어 좋다.

펍의 가운데에는 큰 스크린이 있어 음악과 함께 활기찬 분위기를 더해준다. 안쪽으로 들어가면 길다란 바 bar가 자리 잡고, 바의 한쪽에는 필즈너, 바이젠, 에일, IPA, 벨기에 비어 순으로 여러 회사 맥주를 스타일별로 묶어 진열해 놓은 것도 독특하다. 다른쪽에는 10가지 종류의 생맥주탭이 설치되어 있

고, 바의 안쪽에 있는 맥주 냉장고에도 손님들이 고르기 쉽도록 맥주의 종류를 적어놓았다. 크래프트 맥주에 좀더 쉽게 다가갈 수 있도록 배려한 것이 인상적이다.

오랫동안 외식업을 해오고 있는 조승현 대표는 다양한 크래프트 맥주와 고급 레스토랑에서 맛볼 수 있는 정통 뉴욕스타일의 음식을 함께 즐길 수 있는 펍을 만들고 싶었다고 한다. 그래서 미국의 요리학교 출신 셰프를 기용하고, 맥주 전문가의 조언을 받아 생맥주 리스트와 병맥주 리스트를 구성하는 등 여러 면에서 최고의 펍을 만들기 위한 세밀한 준비를 하고 작년에 펍을 오픈하였다. 펍의 실내 공간도 좋지만, 로코8이 좀 더 특별한 느낌을 주는 것은 아무래도 26미터에 이르는 길고 큰 외부 테라스 덕분이다. 테라스가 길고 넓어 양쪽으로 큰 소파와 테이블이 있고, 가운데는 바 형태의 긴 테이블과 높은 의자를 놓는 등 다양한 테이블 배치가 돋보인다. 5층에 위치해 복잡한 강남의 건물들 사이에서 마치 오아시스를 만난 것처럼 탁 트인 전망과 시원한 바람이 청량감을 준다. 테라스의 테이블을 트인 방향으로 배치해 도심 속 전망을 보며 맥주를 즐길 수 있다. 그래서 연인들이나 직장 동료들이 많이 찾는다.

로코8은 평일에는 새벽 2시, 금요일과 토요일에는 새벽 4시까지 문을 열어 요일이나 시간에 구애 받지 않고 맥주를 즐길 수 있다는 것도 장점이다.

또 다른 특징은, 게스트로 펍이란 이름에 걸맞는 다양한 크래프트 맥주와 전문 셰프들이 요리한 정통 뉴욕 스타일의 음식을 맛볼 수 있다는 점이다. 펍의 가장 안쪽에 넓은 주방이 자리를 잡고 있는데, 한쪽이 유리로 되어 있어 요리하는 모습을 볼 수도 있다. 메인 셰프와 수셰프Sous Chef까지 모두 미국 3대 요리학교로 꼽히는 미국 존슨앤웨일즈학교 출신들이다. 모든 술이 그렇지만, 크래프트 맥주 역시 고유의 깊은 맛과 개성을 더욱 살려주는 음식과의 조화는 아주 중요한데, 로코8에서는 음식과 맥주의 페어링을 고려해 셰프가 직접 만든 요리를 맛볼 수 있다. 수제 훈제 바비큐는 주방의 바비큐 챔버에서 직접 조

1 화려한 자태를 자랑하는 생맥주 탭
2 국내 소규모 양조장의 맥주들. 3 맥
주를 계통에 따라 분류해 놓았다. 4
길게 뻗은 바에는 다양한 생맥주 탭
과 전용잔들이 놓여있다.

리하고, 소시지, 립, 베이컨, 치즈 등 모든 음식을 주방에서 직접 만든다. 셰프가 만드는 음식인 만큼 맛도 좋고 모양새도 매우 뛰어나다.

맥주는 우리나라 소규모 양조장인 카브루의 필스너, 바이젠, 다크 에일, 골든 에일, IPA와 앨리 캣 Alley Kat 페일 에일, 코에도 COEDO 시로 Shiro와 카라 Kyara, 그리고 인디카 Indica IPA와 파울라너 Paulaner 바이젠이 있다. 병맥주는 다양한 크래프트 맥주를 필즈너, 바이젠, 에일, IPA, 벨기에 비어로 나누어 손님들에게 제공하고 있다. 펍의 테이블 수는 꽤 많은 편으로 실내 공간은 60명, 테라스는 50명 정도 수용 가능하다.

 넓고 고급스러운 분위기에서 다양한 크래프트 맥주와 전문 셰프들이 요리한 뉴욕 스타일의 음식을 즐길 수 있다. 5층의 외부에 길게 자리 잡은 테라스는 어느 펍에서도 볼 수 없는 뛰어난 조망을 자랑한다.

INTERVIEW　조승현 대표

펍을 하게 된 계기는?

15년 전부터 외식업을 하면서 세계 곳곳을 돌아다니며 여러 나라의 음식과 술을 맛보고 공부하였다. 최근에는 외국에서만 맛볼 수 있던 크래프트 맥주 펍들이 많이 생겨나면서 고객들의 수요가 다양해지는 분위기를 느꼈다. 재작년 여름 하와이 해변의 한 펍에서 맥주와 음식을 즐기면서 우리나라에도 다양한 크래프트 맥주를 즐길 수 있는 곳이 있으면 좋겠다는 생각에서 청담동에 가스트로 펍인 로코8을 오픈하게 되었다. 창업을 준비하면서 이기중 교수님의 《유럽맥주견문록》을 읽고 많은 도움을 받았다. 맥주만의 철학과 맛이 있다는 것을 알게 되었다.

펍의 콘셉트는 무엇인가?

다양한 음식과 크래프트 맥주를 즐길 수 있는 가스트로 펍이다. 다양한 맥주와 고급 레스토랑에서 맛볼 수 있는 정통 뉴욕스타일의 다양한 음식을 제공하는 것이 로코8의 목표이다. 맛난 맥주에 잘 어울리는 최고의 음식을 즐길 수 있는 공간을 만들고 싶다.

로코8 펍만의 특징이나 좋은 점은 무엇인가?

무엇보다 펍의 분위기가 고급스럽고 편안하며, 강남 유일의 고층 테라스 공간이 있다는 것이 가장 큰 장점이다. 펍의 공간도 넓고 테이블이 다양하게 있어 여러 명이 와서 맥주를 즐기거나, 파티, 회식 공간으로도 아주 좋다. 또한 숨겨진 아지트 같은 공간이 있어 프라이버시를 중요하게 여기는 연예인들도 많이 찾는다. 로코8의 또 다른 장점은 전문 셰프가 요리하는 뉴욕 스타일의 음식들이다. 메인 셰프와 수셰프Sous Chef까지 모두 미국의 3대 요리학교인 존슨앤웨일즈학교를 졸업하였다.

맥주 선별 기준이나 맥주 리스트는 어떻게 정하나?

로코8의 맥주 리스트는 기본적으로 필스너, 바이젠, 에일, 스타우트, IPA, 벨기에 맥주로 크게 분류하여 들여놓고 있으며, 국내 유통되는 크래프트 맥주를 직원들과 함께 테스팅하여 선정하였다. 이는 비어헌터 이기중 교수님과 함께 맥주를 마시고 배우게 된 교수님의 맥주철학에 기초한 것이다. 개성과 대중성을 모두 갖춘 맥주 리스트를 만들어 가는 것이 쉽지 않았지만, 지금도 판매량을 분석하며 새로운 리스트를 늘려가고 있는 중이다.

좋아하거나 추천하고 싶은 맥주가 있는가?

크로넨버그^{Kronenberg} 1664 블랑^{Blanc}을 좋아한다. 바이젠(밀맥주)이지만 라거 같은 청량감과 과일향이 좋아 여성들에게 적극 추천한다. 밸런스가 우수하며 과일향이 풍부한 발라스트 포인트 스컬핀^{Ballast Point Sculpin}과 과일향과 바나나 맛, 고수의 알싸한 풍미를 지닌 벨기에의 밀맥주 세인트 버나두스 위트도^{Saint Bernard's Wit}도 추천한다.

펍을 찾아오는 손님들의 연령층이나 특징이 있는가?

고객의 층이 매우 다양하다. 청담동이라는 지리적 위치와 고급스러운 인테리어, 그리고 외부 테라스가 있어 20대 여성들이나 프로포즈 이벤트, 생일 파티를 즐기려는 예약 손님들이 많은 편이다. 오후 시간에는 여유로운 식사를 즐기려는 20, 30대 여성들이, 저녁 시간에는 일과를 마치고 한 잔하러 오는 직장인들과 커플들이 찾는다. 주말에는 가족 단위의 손님들도 많다. 단골 고객 가운데는 80대 노부부, 50대 어머니, 20대 손자, 손녀 3대가 방문하는 고마운 분들도 있다.

어떤 펍으로 만들어 가고 싶은가?

가스트로 펍으로서의 면모를 유지해가기 위해 새로운 음식을 지속적으로 개발하고 다양한 고객의 취향에 맞는 맥주를 찾아 제공하려고 한다. 그리고 로코8 청담점을 기반으로 다양한 펍의 형태를 지닌 로코8을 곳곳에 운영하고 싶다.

미국의 유명한 요리학교 출신들이 만드는 음식인 만큼 맛과 모양새가 매우 뛰어나다.

1, 2 소시지, 립, 베이컨 등으로 구성된 수제 훈제 바비큐는 주방의 바비큐 챔버에서 직접 만든다. 3 맥주 메뉴에 맥주의 종류와 마시는 순서를 잘 설명해 놓았다.

3

Menu Information

▶ **생맥주 로코**(필스너, 바이젠, 다크 에일, 골든 에일) 10,000원 **IPA** 11,000원 **앨리캣 페일 에일** 11,000원 **코에도 시로, 카라** 14,000원 **인디카 IPA** 12,000원 **샘플러 6종** 30,000원

▶ **병맥주 크로넨버그 1664** 11,000원 **히타치노 바이젠** 16,000원 **세인트 버나드 트리펠** 20,000원 **올드 라스푸틴** 18,000원, **코나 빅 웨이브** 14,000원

▶ **대표 메뉴 얼티메이트 바비큐 플레터** 49,000원 **수제소시지** 23,000원 **로코 프라이즈** 9,000원 **로코 피자** 18,000원 **수제 리코타치즈 샐러드** 17,000원 **클래식 함박스테이크** 15,000원 **바비큐 파스타** 18,000원

27

맥주 마니아 세 사람의 뚝심이 담긴
크래프트 비어 펍

밴드 오브 브루어스
Band of Brewers (BOB)

Information

▸ **주소** 서울시 강남구 대치동 896 – 27번지. 2층
▸ **찾아가기** 2호선 선릉역 1번 출구. 기업은행 골목으로
　　　우회전 쫀득이보쌈 2층
▸ TEL 02 – 568 – 6825
▸ **페이스북** www.facebook.com/pubbob
▸ **영업시간** 평일 17:30~2:00, 토, 일 17:00~24:00
▸ **휴무일** 연중무휴　　▸ **1인 평균 예산** 15,000원

★
지하철 2호선 선릉역 1번 출구에
서 도보 5분 거리로, 직장인들이 즐
겨 찾는 술집거리인 선능로에 위치.
2014년 5월에 오픈.

고층 빌딩이 늘어선 선릉역 주변. 대로를 벗어난 골목에는 하루의 피곤을 풀려는 직장인들이 즐겨찾는 술집들이 많다. 그 가운데 깔끔하면서도 호젓한 분위기에서 '색깔 있는' 맥주를 맛볼 수 있는 Band of Brewers(이하 BOB펍)가 있다. 젊은 직장인들이 주로 찾는 선술집과 저렴한 맥주집이 늘어선 거리에 크래프트 비어 펍이 자리하고 있어 오히려 반갑다.

2층에 위치한 펍은 넓은 공간에 모던한 느낌이다. 테이블이 반듯하게 놓여 있어 질서정연하면서 캐주얼한 느낌도 든다. 펍의 가장 안쪽에는 혼자 맥주를 마실 수 있는 바bar가 있고, 바의 안쪽에는 모두 19개의 맥주 탭이 가지런히 걸려 있다. BOB는 '맥주를 만드는 사람들'이라는 뜻으로, 상호가 말해주듯 '맥만동맥주 만들기 동호회'에서 활동하는 세 명이 함께 만든 크래프트 비어 펍이다. 한마디로 맥주 마니아들이 만든 펍에서 직접 만든 맥주를 팔고 있는 곳이다. 정영진 공동대표는 펍의 기획과 전체적인 운영을 맡으면서 홈 브루잉 기계 및 재료 사업도 하고, 조민성 공동대표는 맥주 양조와 매장을 담당한다. 또 다른 공동사업자는 식자재 사업을 하고 있다. 펍의 곳곳에 걸린 맥주 양조과정을 담은 큰 포스터와 선반 위에 다양한 종류의 몰트와 홉을 담은 병들이 있어 몰

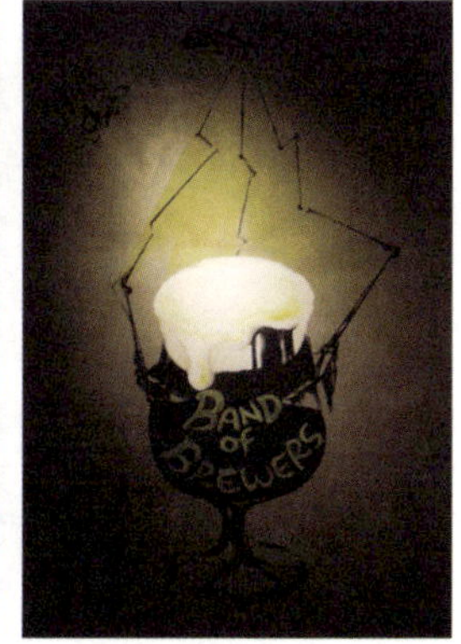

트와 홉을 눈으로 확인하고 향을 음미할 수 있다.

BOB는 홈 브루잉 경험이 많은 공동대표가 운영하는 펍이니 만큼 자신들의 레시피로 위탁 양조한 맥주를 맛볼 수 있다는 것이 가장 큰 특징이다. 적절히 쓴 맛과 홉향이 은은하게 드러나는 미국식 페일 에일 맥주인 카피 캣Copy Cat과 밀맥주 특유의 바나나 향과 클로브 향을 지닌 바이젠, 강한 쓴맛과 깔끔한 피니시의 인디언 페일 라거Indian Pale Lager 계열의 BWBrazilian Wax IPL 맥주 등은 BOB에서만 맛볼 수 있는 크래프트 맥주들이다.

카피 캣은 맥주의 이름대로 미국 유명 크래프트 맥주 회사의 제품들인 시에라 네바다Sierra Nevada 페일 에일, 펑크Punk IPA, 스컬핀Sculpin IPA의 맛을 '카피'한 맥주로 손님들이 "어디서 마셔본 것 같은데 맛이 참 좋다."고 느끼게 하는 것이 맥주 레시피의 콘셉트였다고 한다. 맥주 스타일은 APAAmerican Pale Ale이다. APA는 원래 영국 발상의 홉이 많이 들어간 영국 맥주인 IPA 맥주를 본떠 미국에서 만든 맥주의 종류로, IPA의 맛과 비슷하다. 오리지널 맥주 외에도 다양한 게스트 생맥주들이 있는데, 리스트는 수시로 바뀐다.

또한 BOB에서는 오리지널 호가든이라고 할 수 있는 셀리스 화이트Celis White를 비롯해 스코트랜드 크래프트 맥주 회사인 브루 독Brew Dog과 미국 크래프트 맥주 회사인 헤레틱Heretic의 맥주와 같은 개성이 강한 크래프트 맥주를 병맥주로 갖추고 있다.

BOB의 음식도 빼놓을 수 없다. 토마토와 하얀 치즈로 만들어진 카프레제일명 토마토 치즈 샐러드는 달콤한 오렌지향과 코리엔더의 향이 조화로운 밀맥주 셀리스 화이트와 잘 어울리고, 또티야 안에 쇠고기, 닭고기, 치즈, 콩을 넣고 튀겨낸 멕시코 전통 음식인 치미창가는 초콜릿과 커피향이 돋보이는 런던 포터London Porter와 함께 먹으면 좋다. 이 밖에도 소시지, 모둠 튀김, 치킨 윙, 피자, 치즈 & 크래커 등 다양한 안주가 있다. 펍의 테이블 수는 4인용 테이블 15개, 2인용 테이블 1개. 바를 포함하여 60명 정도 수용 가능하다.

1 19개의 생맥주 탭이 깔끔하게 정리
되어 있다. 2 맥주 양조의 주요 재료
인 다양한 몰트와 홉을 유리병에 담
아 전시해두었다.

총평 크래프트 펍이 전무한 선릉역 거리에서 오너들의 레시피로 만든 다양한 크래프트 비어를 생맥주로
즐길 수 있다. 모던하고 캐주얼한 분위기에서 직장 동료들과 함께 맥주를 즐기기 좋다.

INTERVIEW 정영진 · 조민성 공동대표

펍을 하게 된 계기는?

맥만동 ^{맥주 만들기 동호회}에서 활동하는 3인이 공동 창업을 하였다. 펍의 전반적인 기획, 운영과 맥주 양조, 식자재 등 세 명이 역할을 분담하고 있다. 정영진 공동대표의 경우 5년 동안 맥만동 운영자로 일했는데, 그만 두고 나니 허전한 마음에 나만의 맥주를 만들고 싶다는 생각이 더욱 커졌다. 그래서 맥주 양조에 대한 열정이 강한 조민성 공동대표와 같이 펍을 만들게 되었다. '맥주를 만드는 사람들'이 운영하는 펍이라는 뜻으로 'Band of Brewers'라고 정했다.

BOB 만의 콘셉트는 무엇인가?

선술집과 일반 맥주집이 즐비한 거리에 크래프트 비어 펍을 오픈한 것 자체가 하나의 콘셉트다. 아직도 크래프트 비어 펍은 이태원에서 외국인을 대상으로 하는 곳이라는 생각이 많은데, 대표적인 오피스타운인 선릉에 다양한 맥주 문화를 알리고 싶었다. 펍의 주된 손님도 직장인들이다. BOB만의 하우스 맥주 레시피는 조인성 공동대표가 만들어보고 싶은 모든 종류의 맥주를 만든다. 그리고 다른 맥주들은 정영진 대표가 좋아하고 마시고 싶은 것들을 선별해 들여놓는다.

BOB 펍만의 특징이나 좋은 점은 무엇인가?

우리 펍의 레시피로 만드는 독특한 맥주와 15가지 정도의 크래프트 맥주를 생맥주로 즐길 수 있다는 점이 가장 큰 특징이다. 오너들이 오랫동안 홈브루잉을 해왔기 때문에 맥주에 대한 지식이 풍부하다. 소믈리에처럼 손님들의 취향에 맞는 맥주를 소개하고 맥주에 대한 자세한 설명을 해줄 수 있다는 것이 또 하나의 좋은 점이다.

좋아하거나 추천하고 싶은 맥주가 있는가?

정영진 대표는 브루 독의 펑크^{Punk} IPA, 조인성 대표는 플러스^{Fuller's} ESB를 좋아한다. BOB의 레시피로 위탁 양조한 맥주 중에서는 부드러운 맛을 좋아하는 여성들에게는 바이젠을 권하고, 홉의 쓴 맛과 향을 좋아하는 사람들에게는 미국의 유명 크래프트 맥주회사의 IPA의 맛을 본 따 만든 카피 캣이나 쓴 맛을 강조한 BW IPL을 추천한다.

1, 3 토마토와 하얀 치즈로 만든 카프레제와 멕시코 전통 음식 치미창가 2 BOB 의 레시피로 만든 맥주들.

펍을 찾아오는 손님의 연령층이나 특징이 있는가?

시간대 별로 좀 다르다. 이른 시간에는 여자 손님이 많고, 저녁 8시에서 10시까지는 2차로 오는 남성 직장인이 많다. 하루에 한 테이블 이상은 외국인들이 찾아온다.

어떤 펍으로 만들어 가고 싶은가?

펍의 레시피로 만드는 맥주의 종류를 늘리고, 직영하는 매장도 5~6개로 늘려 맥주를 보급하고 싶다. 맥주 양조장도 하고 싶다.

Menu Information

▸ **생맥주** BOB IPA 7,500원 페일 에일 6,000원 유주얼리 에일 7,000원 브라운 에일 6,000원 프린캡스 스타우트 8,000원 화수 브루어리 알트 6,000원 크롬바커 바이젠 5,500원 필스너 7,000원 셀리스 화이트 7,500원
▸ **병맥주** 두체스 드 브루고뉴 330㎖ 15,000원 750㎖ 32,000원 헤레틱 3종 650㎖ 29,000원 브루 독 330㎖ 10,000원
▸ **대표 메뉴** 수제소시지 18,000원 수제햄버거 15,000원 BOB 찹스테이크 19,000원 치미창가 15,000원

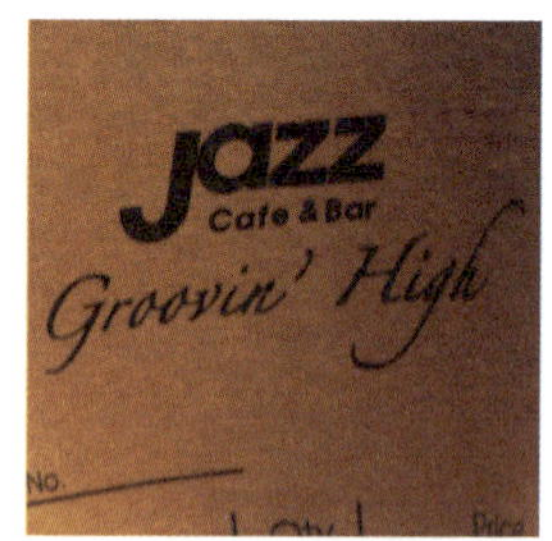

28

멋진 오디오와 음악이 있는
서래마을 재즈 펍

그루빙 하이

Groovin' High

Information

▸ **주소** 서울시 서초구 반포4동 96 – 3. 지하 1층
▸ **찾아가기** 서래마을 카페거리, 세븐일레븐 건너편
▸ **TEL** 02 – 599 – 5007　▸ **영업시간** 17:00~02:00
▸ **휴무일** 연중무휴　▸ **1인 평균 예산** 15,000~30,000원

★

지하철 7호선 고속터미널역 5번 출구에서 도보 10분 거리로, 카페와 이자카야, 술집이 늘어서 있는 서래마을에 위치. 2010년 11월 오픈.

서래마을의 카페거리에 들어서면 음식점과 술집들이 늘어서 있는데, 그 중간 쯤에 Jazz Cafe & Bar Groovin' High가 있다. 지하 1층 펍으로 내려가는 양쪽 벽면에 재즈 뮤지션의 사진이 붙어 있어 재즈 카페의 느낌이 물씬 난다. 문을 열고 펍의 안쪽으로 들어가면 은은한 조명이 실내를 비추고 있고, 테이블 위에는 자그만 촛불이 살랑거리며 춤춘다. 꽤 넓은 공간인데도 테이블이 그리 많지 않아 아늑하고 차분한 분위기다.

그루빙 하이는 음악, 그 중에서도 특히 다양한 재즈음악을 들을 수 있는 펍이다. 펍 안쪽에는 음악 스테이지처럼 큰 스피커 두 대가 양쪽에 놓인 작은 무대가 있다. 왼쪽으로는 음악을 전공한 오너가 음악을 선곡해 틀어주는 공간이 따로 있다. 한쪽 벽면을 가득 채운 LP판과 CD, 오디오와 스피커 등 음향시설로 꽉 차있어 뮤직 전문 펍의 인상을 강하게 준다. 이처럼 그루빙 하이는 전문적인 음향시설을 갖추고 있어 좋은 음향의 음악을 즐기며 크래프트 맥주를 즐길 수 있는 곳이다. 한마디로 음악과 맥주를 함께 즐기기에 최적화된 곳으로, 오디오 마니아에게도 인기이다.

그루빙 하이의 최원경 대표는 음악을 전공하고, 록밴드 레코딩 엔니지어로 일한 경력이 있다. 무엇보다 19년간 음식점 등 다양한 요식업 사업을 해왔기에 누구보다 음악과 맥주, 음식의 조합을 중요하게 생각한다. 그날의 날씨와 분위기에 맞게 최 대표가 직접 선곡을 하고, 신청곡도 들려준다. 누구라도 자기가 좋아하는 음악을 좋은 사운드 시스템으로 들으며 맥주를 즐길 수 있다는 것이 그루빙 하이 펍의 가장 큰 장점이다.

일년 전까지만 해도 세계 최고의 스피커인 WEgg 3 Lunarel을 사용하다가 현재는 JBL의 플래그십 스피커의 최신 모델이자 최고급 스피커인 JBL Project Everest DD 6700으로 바꾸었다. 무게만도 140kg에 달하는 수천 만원 대의 고가 장비이지만 그는 음악 감상을 위해 돈을 아끼지 않는다. 벽면에 유명 재즈 뮤지션의 포스터가 많이 붙어 있어 재즈 음악만 나오는 곳인가 싶지만 재즈는 물론이고 다양한 음악을 즐길 수 있어 모든 연령대에 좋은 반응을 얻고 있다.

그루빙 하이는 음악과 더불어 다양한 크래프트 생맥주를 내놓고 있다. 생맥주로 국내의 마이크로 브루어리인 플래티넘에서 생산되는 골든 에일, 다크 에일, IPA와 가평의 마이크로 브루어리에서 만드는 앨리 캣이 있다. 병맥주는 20여 가지 종류가 있는데, 일본 크래프트 맥주인 코에도 COEDO, 코나 Kona 빅 웨이브 Big Wave, 두블 Duvel, 런던 프라이드 London Pride 등의 미국과 유럽 크래프트 맥주를 즐길 수 있다.

그루빙 하이는 음식도 다양하다. 특히 얇은 피자 위에 각종 채소, 견과류, 치즈가루를 올린 그루빙 하이 샐러드와 떡볶이의 매콤한 맛과 단호박의 달콤한 맛이 잘 어우러진 단호박 해물떡볶이가 인기 메뉴.

펍의 테이블 수는 12개로, 가운데 넓은 자리와 구석구석 아늑한 공간도 있어 연인끼리, 친구끼리 분위기있게 맥주 한 잔을 즐기기에 좋다. 50명 정도 수용 가능하다.

총평 세련되고 차분한 분위기에서 오너가 선곡한 음악을 들으면서 다양한 크래프트 맥주를 즐길 수 있다. 최고의 오디오 기기를 갖추고 있어 음악 마니아들에게 특히 추천할 만한 곳이다.

1 직접 음악을 선곡하고 틀어주는 공간. 벽면을 가득 채운 LP와 CD, 고가의 오디오 장비들이 음악 전문 펍임을 잘 보여준다. 2 재즈 뮤지션 사진으로 장식한 실내. 소파와 테이블이 여유롭게 배치되어 있다. 3 고가의 음향장비를 갖춘 무대. 그루빙 하이를 상징하는 공간이다.

 최원경 대표

펍을 하게 된 계기는?

음악을 전공하고 록 밴드 레코딩 엔지니어로 일했고, 음식점도 19년 정도 해왔다. 술과 음악을 좋아하다 보니 좋은 음악을 들으면서 맥주를 마실 수 있는, 동네 사랑방같이 편안한 펍을 만들고 싶었다. 펍은 내가 좋아하는 공간의 확장이라고 생각한다.

펍의 콘셉트는 무엇인가? 상호 그루빙 하이는 관계가 있는가?

차분한 분위기에서 좋은 음악을 들을 수 있는 펍이다. 펍의 분위기가 소란스럽거나 왁자지껄하면 음악이 배경이 되지만 이곳에서는 그 반대로 음악이 주가 된다. 입구에 재즈 바라고 쓰여 있지만 재즈 음악만 틀지는 않는다. 손님이 신청한 음악을 들려 주기도 한다. 좋은 오디오 기기를 갖추고 있기 때문에 오디오 마니아들이 많이 찾아온다.

그루빙 하이만의 특징이나 좋은 점은 무엇인가?

술, 음식, 음악이 조화를 이루는 아지트 같은 곳이다. 무엇보다도 좋은 음악을 들을 수 있기 때문에 음악이 매개가 되어 손님들과 자연스럽게 이야기를 나눌 수 있다.

좋아하거나 추천하고 싶은 맥주가 있는가?

코에도 맥주를 제일 좋아한다. 코에도 맥주 가운데 밀맥주인 시로 Shiro는 아무리 마셔도 질리지 않고, 자색고구마가 들어간 베니아카 Beniaka는 거품만 없으면 와인 같은 느낌이 나서 좋다. 맥주 리스트는 6개월 주기로 바꾸는데, 코에도 맥주는 개인적으로 좋아해서 1년 내내 들여 놓고 있다.

1 신선한 야채와 치즈 토핑의 피자 2 생맥주 탭 3 그루빙 하이의 인기 메뉴인 단호박 해물떡볶이

펍을 찾아오는 손님의 연령층이나 특징이 있는가?

굉장히 다양하다. 평일에는 3, 40대에서 50대, 주말에는 20대가 대부분을 차지한다. 연세가 지긋한 분도 많이 오신다. 그리고 재즈 카페 느낌이 나서 음악을 좋아하는 사람들이 많이 찾는다.

어떤 펍으로 만들어 가고 싶은가?

지금처럼 '사랑방 같은 공간'을 만들고 싶다. 그리고 음악과 술을 통해 서로 공감할 수 있는 공간으로 만들어가고 싶다.

Menu Information

▸ **생맥주 골든 에일 500㎖** 7,000원 **다크 에일 500㎖** 7,000원 **앨리캣** 8,000원 **IPA** 8,000원

▸ **병맥주 코에도 시로** 12,000원, **베니아카** 14,000원 **듀벨** 15,000원 **레페** 8,000원

▸ **대표 메뉴 피자** 14,000원 **단호박 해물떡볶이** 16,000원 **버펄로윙** 15,000원 **칠리 치즈 포테이토** 15,000원

벨기에 크래프트 맥주회사

1. 두블 무어가트 맥주회사
(Duvel Moortgat Brewery, Brouwerij Duvel Moortgat)
: 브린동크-푸어스(Breendonk-Puurs) 소재

무어가트 양조장은 1871년 무어가트 가문에 의해 양조장—농장으로 시작되었으며, 1923년 이 회사의 대표적인 맥주인 두블(Duvel, 플란더스어로 '악마'를 뜻함)이 탄생하였다. '두블'이라는 이름의 유래가 흥미로운데, 당시 동네의 제화공이었던 반 드 오우워씨가 무어가트에서 새롭게 만든 맥주를 마셔보고 "이것은 진짜 악마이다."라고 한데서 유래하였다고 한다. 두블 무어가트 맥주회사는 1960년대 말 두블을 위한 튤립형 전용잔을 개발하였다.

- **두블(Duvel)** 8.5%, 스트롱 브론드 에일
- **마레드수스(Maredsous)** 8.0%, 더블/쿼드루플 하이브리드(Double/Quadruple Hybrid)

2. 쉬메이 맥주회사
[Chimay Brewery, Bières de Chimay]
: 에노 지역 쉬메이 소재

쉬메이에 위치한 노트르담 트라피스트 수도원은 1850년에 설립되었다. 수도원은 1862년부터 맥주와 치즈를 만들기 시작하였으며, 벨기에 수도원 가운데 최초로 맥주를 만들어 상업적으로 판매하였다. 또한 처음으로 '트라피스트 맥주(Trappist Beer)'라는 용어를 쓰기 시작하였고, 트라피스트 맥주들 가운데 와인 병을 사용한 곳도 쉬메이 수도원이 처음이다.

대표적인 쉬메이 트라피스트 맥주는 쉬메이 레드(Chimay Red), 쉬메이 블루(Chimay Blue), 쉬메이 화이트(Chimay White)가 있다.

- **쉬메이 레드(Chimay Red)** 7%, 두벨, '프레미어(Première)'로도 불림
- **쉬메이 블루(Chimay Blue)** 9%, 벨지언 스트롱 다크 에일, '그랑 레제르브(Grande Réserve)'로도 불림.
- **쉬메이 화이트(Chimay White)** 8%, 트리플, '쌍쌍(Cinq Cents)'으로도 불림

3. 베스트말레 맥주회사(Westmalle Brewery)
(Brouwerij der Trappisten van Westmalle)
: 말레(Malle) 소재

베스트말레 트라피스트 수도원 안에 위치한 벨기에 트라피스트 양조장. 1794년 수도원이 설립되었고, 1836년 4월에 트라피스트 수도원이 되었다. 트라피스트 수도원은 침묵과 고행 등 엄격한 규율이 있는 가톨릭 수도원이다. 1836년 8월 1일 첫 번째 맥주를 만들어 12월 10일 수도사들이 점심과 함께 첫 번째 맥주를 마셨다고 한다. 1856년 수도사들은 두 번째 맥주를 만들었는데, 이 맥주는 최초의 스트롱 브라운 비어이자 최초의 더블(두벨) 맥주가 되었다. 하지만 오늘날 사람들이 마시는 두벨은 1926년 처음 양조된 레시피에 의한 것이다. 베스트말레 맥주회사는 1933년 새로운 양조장을 지으면서 1934년에 9.5%의 강한 페일 에일을 만들고 이를 '트리펠(Tripel)'이라고 부르기 시작하였다. 베스트말레 트리펠은 '트리펠'이라는 이름을 사용한 최초의 골든 스트롱 페일 에일이 되었으며, 많은 맥주회사들이 이 레시피를 모방하여 맥주를 만들고 있다.

- **두벨(Dubbel)** 7.0%, 두벨
- **트리펠(Tripel)** 9.5%, 트리펠

4. 아첼 맥주회사
(Achel Brewery, Brouwerij der Sint-Benedictusabdij de Achelse Kluis)

: 크루이스(Kluis) 아첼(Achel) 소재

세인트 베네딕트 수도원(Abbey of Saint Benedict)에 위치한 맥주 양조장. 벨기에의 트라피스트 양조장 가운데 가장 규모가 작은 아첼 양조장의 역사는 네덜란드 출신의 수도사가 아첼에 교회를 세웠던 1648년으로 거슬러 올라간다. 이 교회는 1871년 트라피트스 수도원이 되었으며, 이때부터 맥주를 공식적으로 만들기 시작하였다. 1차 대전 중이던 1914년에 수도사들이 독일군에 의해 점령된 수도원을 떠났다가 1998년 베스트말레 트라피스트 수도원과 로쉐포르트 수도원의 수도사들 도움을 받아 새로운 양조장을 건립하였다. 원래는 브루펍을 만들 계획이었지만 알코올 함유량을 늘리고 맥주를 병에 담아 파는 것이 아첼 수도원의 수입을 올릴 수 있다는 판단으로 사업을 확장하였다. 아첼 양조장에서는 베스트말레의 이스트를 사용하여 맥주를 만든다.

- **아첼 브륀(Achel Brune)** 8%, 두벨
- **아첼 브론드(Achel Blonde)** 8%, 트리펠

5. 세인트 버나두스 맥주회사
(St. Bernardus Brewery, St. Bernardus Brouwerij)
: 와토우(Watou) 소재

세인트 버나두스 맥주회사는 1930년 치즈를 만드는 회사로 출발하였다가 1946년부터 1992년까지 베스트브 레테렌 트라피스트 수도원을 위해 세인트 식스투스(St. Sixtus) 맥주를 양조하였다. 하지만 1992년 트라피스트 수도원이 "트라피스트 비어는 트라피스트 수도원 안에서만 양조되는 맥주에 한한다."는 규정을 만들면서 이후 와토우에서 파는 맥주들은 새로운 브랜드 이름이 '세인트 버나두스'라는 이름으로 판매하기 시작하였다. 이런 연유로 세인트 버나두스 맥주는 레시피나 스타일에서 세인트 식스투스 맥주들과 유사하다.

- **세인트 버나두스 트리펠(St. Bernardus Tripel)** 8%, 트리펠
- **세인트 버나두스 에이비티(St. Bernardus Abt)** 12(10.0%, 쿼드루플(Quadruple))
- **그로텐비어 브륀(Grottenbier Bruin)** 6.8%, 스파이스 비어

6. 바빅 맥주회사
(Bavik Brewery, Brouwerij De Brabandere)
: 바빅호브(Bavikhove) 소재

1894년 아돌프 드 브라반데레 부자가 설립한 양조장으로, 1950년 이전까지는 개인과 카페에만 맥주를 판매하였다. 1982년까지는 바빅 맥주회사의 대표적인 브랜드가 된 페트루스(Petrus, 성 베드로)의 명칭을 사용하지 않다가 오크에서 숙성된 플란더스 브라운 에일을 '페트루스 우드 부륀(Petrus Oud Bruin)'이라는 이름으로 다시 런칭하면서 '페트루스'라는 브랜드명을 사용하기 시작하였다. 이 맥주는 숙성되지 않은 브라운 에일 70%와 2~3년 간 숙성된 페일 에일 30%를 혼합하여 만들어진다. 2001년에는 2~3년 숙성된 맥주를 페트루스 에이지드 페일(Petrus Aged Pale)이라는 이름으로 처음 판매하였다. 현재 4대째 내려오는 가족 경영 양조장으로 벨기에에서 가장 큰 독립 양조장 가운데 하나로 꼽힌다.

- **페트루스 우드 부륀(Petrus Oud Bruin)** 5.5%, 플란더스 브라운 에일
- **페트루스 에이지드 페일(Petrus Aged Pale)** 7.3%, 스톡 에일(Stock Ale)

7. 보스틸스 맥주회사
(Bosteels Brewery, Brouwerij Bosteels)
: 부겐후트(Buggenhout) 소재

7대째 내려오는 이 양조장은 1791년 조셉 보스틸스(Jozef Bosteels)가 설립하였다. 보스틸스 맥주회사에서 생산되는 맥주 가운데 가장 널리 알려진 브랜드는 크왁(Kwak) 맥주로, 호리병 모양의 독특한 맥주잔과 잔을 받치는 나무로 만든 홀더가 유명하다. 크왁 맥주는 18세기 여인숙 주인이자 맥주 양조자인 파우웰 크왁 (Pauwel Kwak)이 처음 만들었다. 한동안 사라졌다가 1980년 다시 양조되고 있다. 보스틸스 맥주회사가 발아된 보리, 발아되지 않은 보리, 밀과 오트밀을 혼합하여 만든 카르멜릿 트리펠(Karmeliet Tripel)은 다른 회사에서 찾아볼 수 없는 매력적인 아로마와 플래버를 지닌 맥주로 손꼽힌다.

- **파우웰 크왁(Pauwel Kwak)** 8.4%, 앰버 에일
- **카르멜릿 트리펠(Karmeliet Tripel)** 8.0%, 트리펠

8. 뒤비시옹 맥주회사
(The Dubuisson Brewery, Brasserie Dubuisson Freres)

: 에노 지역 삐빼(Pipaix) 소재

1869년 농부 조셉 르로이(Joseph Leroy)가 양조장—농장으로 시작하였다. 그는 1931년부터 맥주의 양조에 전념하여 당시 인기가 있었던 영국 맥주와 경쟁하기 위해 영국과 벨기에의 맥주 양조 기술을 사용하면서 맥주에 영어 이름을 붙였다. 뒤비시옹 맥주회사는 1933년 부쉬 암브레(1988년 '부쉬 앰버'로 이름을 바꿈)를 시작으로 1991년 부쉬 노엘(Bush Noel), 1998년 부쉬 브론드(Bush Blonde), 2003년 부쉬 프레스티지(Bush Prestige)를 차례로 출시하였다. 이 4가지 맥주에 '부쉬(Bush)'라는 이름이 붙여져 있는데, 이는 가족의 이름인 뒤 뷔송(du Buisson)의 영어 이름이다. 아직까지 뒤비시옹 맥주회사는 뒤비시옹 가문 소유의 맥주회사이다.

- **부쉬 앰버(Bush Amber)** 12.0%, 발리 와인
- **부쉬 노엘(Bush Noel)** 12.0%, 크리스마스 비어
- **부쉬 브론드(Bush Blonde)** 10.5%, 벨지언 스트롱 페일 에일
- **부쉬 프레스티지(Bush Prestige)** 13.0%, 벨지언 스트롱 페일 에일

9. 로덴바흐 맥주회사
(Rodenbach Brewery, Brouwerij Rodenbach)
: 뢰제레어(Roeselare) 소재

1820년 알렉산더 로덴바흐(Alexander Rodenbach)가 서 플란더스 지역에 위치한 뢰제레어의 증류소-양조장-몰팅 공장을 매입하면서 시작되었다. 1878년 창업자의 조카 유진 로덴바흐(Eugene Rodenbach)가 회사를 인수하고 맥주 양조 기술을 배우기 위해 영국으로 건너갔다. 영국에서 오크 배럴에 저장한 뒤 숙성된 맥주와 영 비어(숙성되지 않은 맥주)를 섞어 맥주를 만드는 기술을 배워 신맛의 레드-브라운 에일을 탄생시켰다. 당시 회사는 "이것은 와인이다"라는 홍보 문구를 사용하기도 하였다. 로덴바흐 맥주회사는 가족 기업의 형태로 유지되다가 유진 로덴바흐가 1998년 세상을 떠나면서 팜 맥주회사(Palm Breweries)가 인수하였다.

- **로덴바흐 오리지널(Rodenbach Original)** 5.2%, 레드 브라운 에일(숙성된 맥주 25%와 영 비어 75%를 혼합하여 만듬)
- **로덴바흐 그랑 크루(Rodenbach Grand Cru)** 6.0%, 프래미쉬 레드(숙성된 맥주 67%와 영 비어 33%를 혼합하여 만듬)

10. 린데만스 맥주회사
(Lindemans Brewery, Brouwerij Lindemans)
: 브레젠비크(Vlezenbeek) 소재

린데만스 가문이 브뤼셀에서 가까운 브레젠비크에서 작은 양조장과 농업을 함께 시작하였다. 처음에는 람빅(Lambic, 자연발효맥주)을 생산하여 주로 농부들과 펍에 팔았다. 1930년부터는 농업을 중단하고 맥주 양조에 전념하기로 결심하고, 괴즈(Gueuze, 미숙성 람빅과 숙성된 람빅을 혼합하여 만든 맥주)와 크릭(Kriek, 람빅과 체리를 혼합하여 만든 맥주)을 만들어 제품의 품목을 늘려나갔다. 1970년대 초에 크릭의 전통 재료인 신맛의 체리 공급이 딸리자 크릭에 체리 주스를 혼합하여 맥주를 만들기 시작하였다. 1980년대에는 람빅 프람브와즈(Lambic Framboise, 라스베리를 혼합한 람빅), 람빅 카시스(Lambic Cassis, 블랙큐란트를 혼합한 람빅), 람빅 페체레세(Lambic Pêcheresse, 배를 혼합한 람빅)를 만들었다. 린데만스 맥주회사는 아직까지도 가족이 직영하는 회사로 알려져 있다.

- **람빅 크릭(Lambic Kriek)** 3.5%, 크릭
- **림빅 프람브와즈(Lambic Framboise)** 2.5%, 프람브와즈
- **람빅 카시스(Lambic Cassis)** 3.5%, 카시스
- **람빅 페체레세(Lambic Pêcheresse)** 2.5%, 페체레세
- **람빅 폼메(Lambic Pomme)** 3.5%, 폼메
- **쿠베 르네(Cuvée René)** 5.0%, 괴즈

올림픽대로
압구정
로데오거리
압구정역
CGV
도산공원
현대
고등학교
신사중학교
도산공원
사거리
세로수길
신사동
가로수길
25 가로수 브루잉 컴퍼니
24 퐁당 크래프트 비어
고속터미널역
6
4
5
농협
영동호텔
8
신반포공원
롯데시네마
6
7
1
신사역
신사역
2
3
서울팔래스
호텔
학동공원
서울지방
조달청
서래마을
카페거리
28 그루빙하이
논현역

올림픽대로
청담중학교
압구정로데오역
청담동 거리
청담 사거리
호텔프리마
26 로코 8
청담근린공원
영동고등학교
선릉
청담역
8 9 10 11
5 4
분당선
분당선
강남구청역
경기고등학교
선릉역
국민은행
1
2
3
골드로즈2차
27 BOB
선정릉역
영동대교